I

COURS ÉLÉMENTAIRE

Théorique et Pratique

DE LA

TENUE DES LIVRES EN PARTIE DOUBLE

Divisé en 20 Leçons

Et rédigé spécialement pour les Maisons d'Éducation,

PAR

J.-A. GUYET,

PROFESSEURS ET ÉLÈVES
I.

Partie théorique. — Brouillard général.

CHEZ L'AUTEUR, PLACE BELLECOUR, 8,

ET DANS TOUTES LES LIBRAIRIES CLASSIQUES DE FRANCE.

1849.

COURS ÉLÉMENTAIRE

THÉORIQUE ET PRATIQUE

DE LA

TENUE DES LIVRES EN PARTIE DOUBLE.

PROPRIÉTÉ DE L'AUTEUR.

LA CROIX-ROUSSE (LYON). IMPRIMERIE ET LITHOGRAPHIE DE TH. LÉPAGNEZ,
Petite rue de Cuire, 2.

COURS ÉLÉMENTAIRE

Théorique et Pratique

DE LA

TENUE DES LIVRES EN PARTIE DOUBLE

Divisé en 20 Leçons

Et rédigé spécialement pour les Maisons d'Éducation,

PAR

J.-A. GUYET.

PROFESSEURS ET ÉLÈVES.

I.

Partie théorique. — Brouillard général.

LYON,

Chez l'Auteur, place Bellecour, 8,

ET DANS TOUTES LES LIBRAIRIES CLASSIQUES DE FRANCE.

—

1849.

FAUTES D'IMPRESSION.

Page 3, ligne 8, *au lieu de* pour faire usage suivant les circonstances, *lisez* pour en faire usage suivant les circonstances.

Page 7, ligne 4, *au lieu de* l'utilité qui résulte, *lisez* l'unité qui résulte.

— 30, — 30, *au lieu de* des rentrées qu'ils prouvent, *lisez* des rentrées qu'ils procurent.

— 45, — 17, *au lieu de* marchandises générales en débité, *lisez* marchandises générales est débité.

— 84, dernière ligne, *après* les sommes de ses capitaux, *ajoutez* au 30 juin.

— 86, ligne 8, *au lieu de* sur 4,000 f., *lisez* sur 6,000 f.

— 89, — 1, *au lieu de* si j'étais le créancier de Jacques, *lisez* si j'étais le débiteur de Jacques.

COURS ÉLÉMENTAIRE

Théorique et Pratique

DE

TENUE DES LIVRES EN PARTIE DOUBLE

Divisé en 20 Leçons.

————

PREMIÈRE LEÇON.

DÉFINITIONS GÉNÉRALES.

1. TENUE DES LIVRES DE COMMERCE.

La Tenue des livres de commerce consiste à noter avec exactitude et précision, toutes les opérations que fait un commerçant, sur des registres destinés à cet usage, de manière à ce que l'état journalier des affaires soit méthodiquement et clairement exposé.

2. EN PARTIE SIMPLE.

Manière de tenir les livres de commerce, qui consiste à ne mentionner, dans chaque article, que celui qui doit, ou celui à qui l'on doit. Tout le monde a naturellement la clef de cette méthode, pour laquelle les ouvrages seraient inutiles.

3. EN PARTIE DOUBLE.

Méthode ingénieuse due aux Italiens, soumise à des règles qu'il est important de connaître. C'est celle qui fait l'objet de ce Cours. Dans la Tenue des livres, en partie double, on joint aux comptes particuliers un compte général qui est le contrôle perpétuel des autres comptes, et dont les résultats indiquent, par des calculs sûrs et faciles, les bénéfices ou les pertes du commerçant. C'est de ce double compte que la méthode a pris le nom de *partie double*. Il est essentiel de bien comprendre cette définition; j'y reviendrai quand j'exposerai les fonctions de chaque compte.

1

4. DÉBITEUR. — CRÉANCIER.

Le *débiteur*, en style de Tenue de livres, est celui qui reçoit; le *créancier* est celui qui donne. Je dis en *style de Tenue de livres* : car, en style académique, ces définitions ne sont point exactes; mais elles expriment les mêmes idées que les dictionnaires, et s'adaptent beaucoup mieux aux raisonnements par lesquels on arrive à la rédaction parfaite d'un article de compte.

5. DÉBITER. — DÉBIT. — DOIT.
CRÉDITER. — CRÉDIT. — AVOIR.

Débiter quelqu'un, c'est inscrire sur un registre la marchandise qui lui est livrée, et la somme que cette marchandise représente. — *Créditer* quelqu'un, c'est inscrire la marchandise qu'il donne, ainsi que la valeur de cette marchandise.

Par *débit*, l'on entend les sommes qui représentent les marchandises qu'un client a reçues, et par *crédit* les sommes représentatives des valeurs qu'il a données. On dit : *additionnez mon débit, mon crédit; voyez à mon débit, si telle somme n'y figure pas à telle date; portez cette marchandise à mon crédit.*

Les mots *doit, avoir* s'inscrivent : le premier, en tête de la page où est représenté le débit; le second, en regard du premier, du côté du crédit.

6. COMPTE.

Un *compte* est l'état des sommes que doit un client, et de celles qu'il donne. Il se compose donc de deux parties, qui sont sur un livre de comptes en regard l'une de l'autre. La page de gauche représente le *débit*, et celle de droite, le *crédit*. Ces deux pages portent le même folio, répété aux extrémités supérieures sur les bords du compte.

7. OUVRIR UN COMPTE.

Ouvrir un compte, c'est : 1° placer un même folio aux deux pages; 2° indiquer par le mot *Doit*, le côté du débit; inscrire ensuite le nom du client à qui le compte est ouvert, ainsi que le lieu de sa résidence; indiquer par le mot *Avoir* le côté du crédit, puis tirer immédiatement un double trait sous ce titre.

On dit aussi au figuré : *ouvrir un compte à quelqu'un;* cette expression signifie entrer en rapports d'affaires avec quelqu'un. Je préviens une fois pour toutes que dans mes définitions je n'ai eu en vue que les opérations mécaniques du *Teneur de livres*.

1ᵉʳ Exercice. — Ici l'élève *ouvrira un compte* à MM. Dolfus et Cᵉ, négociants, rue Mercière, n. 32, à Lyon, et présentera, à la leçon suivante, cette tête de compte au professeur.

8. FERMER ou SOLDER, DRESSER UN COMPTE.

Fermer ou solder un compte, c'est additionner le débit et le crédit quand ils sont égaux, et tirer une barre sous les deux chiffres résultats de l'addition. — *Dresser un compte*, c'est y mettre la dernière main et en tirer une copie exacte d'après les livres, pour faire usage suivant les circonstances.

9. BALANCER UN COMPTE. — BALANCE.

Quand les sommes portées au débit et au crédit d'un compte ne sont pas égales parfaitement, on ne peut pas fermer le compte ; on doit alors *le balancer*, c'est-à-dire rendre égales entr'elles, au moyen d'un chiffre appelé *balance*, les sommes qui figurent au débit et au crédit. Cette opération est fort simple. On additionne sur un cahier-brouillard, que le Teneur de livres doit toujours avoir sous la main, les deux côtés du compte ; on soustrait le plus faible total, et le résultat de la soustraction est la *balance*. On pose le chiffre de la *balance* du côté des sommes les plus faibles : on additionne alors sur le livre le débit et le crédit, qui se trouvent parfaitement égaux. On tire ensuite un double trait sous chaque addition, comme pour fermer le compte ; mais à l'instant même on repose le chiffre de *la balance* au-dessous du double trait de clôture et du côté des sommes qui étaient les plus fortes avant *la balance*.

10. A NOUVEAU... POUR BALANCE.

Lorsque la balance est trouvée, et posée convenablement au-dessous du trait de clôture, le compte est ouvert *à nouveau*.

Si le chiffre de la balance a été mis au crédit avant la clôture du compte, il se trouvera au débit *à nouveau*, et l'on dira alors : *Débiteur à nouveau* (compte) *pour balance*. Dans le cas contraire, le compte sera *créancier à nouveau pour balance*.

Tout ceci est dit indépendamment des observations que mérite la balance générale des comptes ; nous parlerons de cette balance plus tard. On verra alors que le mot *balance* reçoit au figuré l'acception qu'il a réellement au propre, le débit et le crédit des comptes représentant les deux plateaux d'une balance, en équilibre parfait. Dans les comptes particuliers, *la balance* ne fait l'office que d'un *poids* qui sert à rétablir l'équilibre.

2.mo Exercice. — L'élève, pour prouver qu'il a bien compris tout ce qui a été dit de la balance, placera au crédit du compte qu'il a ouvert à l'article 7, une somme de 12,422 fr. 75 c., et au débit une autre somme de 8,624 fr. 55 c.; il balancera le compte et l'ouvrira à nouveau.

11. COMPTES GÉNÉRAUX.

Les *comptes généraux* sont ouverts aux choses qui représentent un commerce dans les diverses formes sous lesquelles apparaît la fortune d'un négociant. Ces formes sont l'*argent*, les *marchandises* et le *portefeuille*; de là trois comptes généraux, qui donnent naissance à un quatrième, le plus important de tous, celui où toutes les opérations viennent aboutir, parce qu'il représente *les bénéfices ou les pertes* d'un commerçant.

12. COMPTES IMPERSONNELS.

Les *comptes impersonnels* sont des subdivisions des comptes généraux. Ils sont destinés à donner au commerçant un état des variations que peut subir un compte général dans une partie déterminée. Par exemple : Les marchandises sont vendues ou en gros, ou en détail, ou à une foire, ou dans une ville autre que celle habitée par le négociant. Celui-ci veut se rendre compte du produit de ses marchandises dans les divers lieux où il les envoie; il ouvre un *compte impersonnel* qu'il intitule à son gré, et qui est une subdivision du compte général de marchandises.

13. COMPTES PARTICULIERS. — PERSONNELS.

Les *comptes particuliers* s'ouvrent aux personnes avec lesquelles un négociant entre en rapports d'affaires. Ces comptes sont les plus nombreux. Les comptes *personnels* sont ceux du personnel d'une maison de commerce. Si dans un commerce il n'y a qu'un chef, il n'y a qu'un seul compte *personnel*.

14. COMPTES COURANTS.

Les *comptes courants* sont ceux qui portent intérêt. Ils s'ouvrent aux banquiers et à tous les capitalistes qui fournissent de l'argent à un négociant, et quelquefois aux débiteurs en retard de paiement. Ces comptes ont une réglure particulière.

Nous exposerons, quand il en sera temps, leur théorie spéciale.

3.me Exercice. — L'élève ouvrira, à son choix, un *compte général* et un *compte impersonnel*. Il pourra se tromper dans le mot, mais il n'en aura que plus de mérite, s'il rencontre juste. Il procèdera comme pour le *compte particulier*, qu'il a ouvert à l'article 7.

DEUXIÈME LEÇON.

Définitions.

La loi prescrit aux négociants trois livres seulement : 1° un *Livre journal,* 2° un *Copie de lettres*, 3° un *Carnet d'inventaires*. Mais ces trois livres sont bien insuffisants à celui qui veut d'un seul coup d'œil embrasser l'ensemble de ses opérations. Aussi, tout en observant le texte et l'esprit de la loi, le négociant qui a un commerce un peu étendu, se sert d'un assez grand nombre de livres qu'il nomme : les livres le plus usuels, *livres principaux*, et ceux d'un usage moins fréquent, mais d'une grande utilité néanmoins, *livres auxiliaires*, c'est-à-dire livres pour aider.

Les livres principaux sont :

1. *Le Brouillard général.*
2. *Le Journal général.*
3. *Le Grand Livre.*
4. *Le Copie de lettres.*

Les livres auxiliaires sont :

1. *Le Journal de vente.*
2. *Le Journal de caisse.*
3. *Le livre de Traites et Remises.*
4. *Le livre de numéros de Marchandises.*
5. *Le livre des Comptes courants.*
6. *Le Carnet d'Échéances.*
7. *Le livre des Inventaires.*

Définissons nettement tous ces mots.

15. BROUILLARD GÉNÉRAL. — MÉMORIAL. — MAIN COURANTE.

Comme on le voit, le *Brouillard* porte trois noms. C'est le livre où l'on inscrit jour par jour toutes les opérations que l'on fait. La rédaction des articles du *Brouillard* ne demande aucune régularité. Chaque article est séparé par un trait horizontal coupé en deux parties, chacune d'un tiers de ligne; l'espace vide est occupé par la date. Voici un article de *Brouillard :*

---
30 Décembre 1848.

Vendu à M. Jules Camon, de Marseille.

Divers articles détaillés au *Journal de ventes*, folio 20. .   501 f. 20 c.

Dans quelques maisons, on supprime souvent le *brouillard général*. Il est plus commode, en effet, d'avoir un livre où l'on inscrit ses ventes et factures détaillées pour les opérations d'un commerce en gros, quand le client ne paie pas de suite, et une *main courante* ou livre de *petit crédit*, où l'on note les ventes de détail qui ne doivent pas figurer sur les comptes, parce qu'on en attend le prix dans quelques jours.

Le *brouillard*, destiné souvent à être raturé, surchargé, par suite d'erreurs de calcul ou de toute autre cause, où d'ailleurs tous les commis d'une maison écrivent souvent, n'est, ainsi que son nom l'indique (*brouillard*, *brouillon*), qu'un livre de notes (*mémorial*), qui sert à la rédaction du journal général.

16. JOURNAL GÉNÉRAL.

Voici le livre légal, que le Code de commerce, art. 8, nommé *livre journal*. — *Journal*, qui est relatif à chaque jour; *général*, applicable à tout. Le *journal général* est donc le registre sur lequel le négociant inscrit jour par jour tout ce qu'il vend ou achète, tout ce qu'il reçoit et paie, à quelque titre que ce soit. — Il doit être tenu avec la plus grande netteté, par ordre de date, sans blancs, lacunes ni transports en marge. — Sa rédaction doit être claire, concise et dans la forme propre à la Tenue des livres en partie double. — Quelques maisons font timbrer chacun de ses feuillets au timbre de 35 centimes, et se conformant à la loi, le font viser et parapher, soit par un juge du Tribunal de commerce, soit par le maire. On voit dès-lors qu'il ne faut pas perdre ou mal employer le papier que ce livre contient, parce qu'il coûte cher, ni surcharger des chiffres, des articles ou des dates, pour ne pas éveiller la suspicion des magistrats. — Le *journal général*, régulièrement tenu, fait foi en justice; on est obligé de le conserver pendant dix ans. — Le Teneur de livres ne doit pas permettre, hors le cas de nécessité, qu'un autre employé que lui y mette la main.

Dans le *journal général*, chaque article est séparé par un trait, comme dans le brouillard, avec la date au milieu. On peut prendre pour modèle l'article suivant, extrait du brouillard (*voyez* plus haut).

JULES CAMON, de Marseille, à *Marchandises générales*.
Notre facture de ce jour, *journal de ventes*, folio 20 . . .   501 f. 20 c.

Malgré l'utilité du *journal général* et l'utilité qui résulte de sa tenue régulière, un grand nombre de maisons le suppriment ou plutôt le divisent, en transcrivant sur un registre spécial les opérations d'argent, et sur un autre registre les opérations de marchandises. Dans ces maisons, le Teneur de livres recourt à ces deux registres pour rédiger le grand livre. Cette méthode n'est pas bonne et ne satisfait pas aux prescriptions de la loi. Je sais bien qu'il faut un journal de caisse et un journal de ventes, et j'en parlerai tout-à-l'heure ; mais ces deux livres ne doivent servir qu'à la rédaction du *journal général*, que je considère comme indispensable dans une maison où l'ordre règne ; et passer sans *journal général* des écritures du journal de caisse et du journal de ventes au grand livre, c'est procéder irrégulièrement et s'exposer à de graves erreurs dans la tenue des comptes généraux, parce qu'il n'y a pas alors de raisonnement écrit sur les articles de compte ; c'est tenir les livres en partie simple, dès-lors plus de contrôle possible, et le négociant, dans un inventaire pénible et confus, s'expose à un grave mécompte et n'est point assuré de sa situation.

Ces observations sont peut-être trop hâtives ; l'élève les relira à la fin de cette leçon, il en comprendra mieux l'importance.

17. **GRAND LIVRE. — EXTRAIT. — LIVRE DE RAISON.**

Trois dénominations ; la première est la plus usuelle. Ce registre est nommé *grand livre,* à cause de son format plus grand que celui des autres registres ; *extrait*, parce qu'il contient en substance tous les autres livres ; *livre de raison*, parce qu'il rend raison au négociant de l'état de ses comptes divers. Nous nous bornerons, dans cet ouvrage, à la dénomination de *grand livre*.

Le *grand livre* renferme les comptes du commerçant. Chaque page en contient un ou plusieurs, car il n'est pas nécessaire lorsque le mouvement des opérations avec un correspondant est peu animé, c'est-à-dire, lorsqu'on ne fait des affaires avec lui qu'à des intervalles peu rapprochés, de consacrer à son compte une page entière. Le Teneur de livres est guidé ici par l'usage et l'expérience d'une maison.

Le *grand livre* est folioté double, c'est-à-dire que le livre étant ouvert, les deux pages qui sont en regard portent le même folio; la page de gauche énonce le débit, et celle de droite le crédit. Lorsque le livre est très grand, il y a ordinairement place dans la même page pour le débit et le crédit. En ce cas, le folio est simple et la page est séparée au milieu par une ligne double verticale, qui représente le dos du livre.

La réglure du *grand livre* présente sept colonnes verticales :

La 1re (à gauche) énonce l'année et le mois;

La 2e   —   —   le quantième du mois;

La 3e   —   —   l'objet de l'article et à quel compte il correspond;

La 4e   —   —   le folio du journal général;

La 5e   —   —   le folio du compte correspondant;

La 6e   —   —   les francs;

La 7e   —   —   les centimes.

Voyez votre *grand livre*, qui est tout réglé.

On voit que tout un article est énoncé en une seule ligne.

18. LE COPIE DE LETTRES.

Cette expression est elliptique; on devrait dire le livre de copie de lettres ; mais en retranchant *livre de* on arrive à un titre moins long et adopté, même par les dictionnaires. Le *copie de lettres* est le registre sur lequel le commerçant copie les lettres missives qu'il envoie. Il doit être tenu par ordre de date, sans blancs, lacunes ni transports en marge. C'est un des trois livres légaux ; il est exempt du timbre et de la paraphe. Le *copie de lettres* n'est point tenu par le Teneur de livres, mais il est sous sa surveillance.

19. LE JOURNAL DE VENTES.

C'est le livre où l'on inscrit avec détails les ventes que l'on fait; c'est un *copie de factures*.

20. LE JOURNAL DE CAISSE.

Livre à l'usage particulier du caissier d'une maison de commerce; souvent le caissier est autre que le Teneur de livres, mais le premier connaît ordinairement la Tenue des livres. Quoi qu'il en soit, il rédige son journal clairement, par *recettes* et *dépenses* ou par *doit* et *avoir*. Dans les deux cas, les sommes reçues sont mises à la page gauche, et les sommes déboursées, à la page droite.

Le *journal de caisse* a donc, comme le grand livre, un folio double. Il représente le mouvement des fonds.

21. LE LIVRE DE TRAITES ET REMISES.

Ce livre est tenu pour numéroter les effets de commerce et pour indiquer de qui on les reçoit et à qui on les remet. L'usage de numéroter les effets est très-bon, mais il faut prendre garde de compliquer une comptabilité par des précautions trop minutieuses. Je ne suis pas d'avis, comme quelques professeurs, qu'on donne un numéro à un effet lorsqu'il entre dans le portefeuille et un numéro différent lorsqu'il en sort ; il en résulte une confusion dans les vérifications. Il vaut mieux conserver le même numéro, soit à l'entrée, soit à la sortie.

Le *livre de traites et remises* n'a pas de folios, les numéros servant de guide aux recherches ; il est tenu de manière à présenter des cases pour l'entrée, à gauche, et des cases pour la sortie, à droite ; des colonnes sont réservées pour le numéro, soit à droite, soit à gauche, pour les dates d'entrée et de sortie, et pour les correspondants qui envoient ou qui reçoivent les effets.

Voyez le *livre de traites et remises* pour la réglure.

22. LE LIVRE DES NUMÉROS DE MARCHANDISES.

On le nomme aussi *livre d'entrées et de sorties*. C'est un registre qui est aux marchandises ce que le livre de traites et remises est aux effets de commerce. Chaque ballot de marchandises reçoit un numéro à son entrée en magasin, et ce numéro est répété à la sortie. Ce livre, qu'on tient comme le précédent, est généralement inutile, il ne peut servir qu'aux commerces de gros, qui font des expéditions importantes, sans aucun détail.

23. LIVRE DES COMPTES COURANTS.

Livre séparé du grand livre, à cause de sa réglure particulière. Il en sera question plus tard.

24. CARNET D'ÉCHÉANCES.

Ce petit registre sert à indiquer les mois et les jours où un négociant a des sommes à payer ou à recevoir. Il n'a pas de folio, on le dispose par mois.

25. LIVRE DES INVENTAIRES.

Chaque année le négociant est obligé, d'après les dispositions du Code de commerce, de dresser un état de ce qu'il possède, de ce qui lui est dû et de ce qu'il doit lui-même. Cet état se nomme *inventaire*. Dès que cet inventaire est dressé, il est copié sur un registre prescrit par la loi, coté et paraphé par le juge, et qui est un des trois livres légaux. Ce registre se nomme le *livre des inventaires*.

26. RÉPERTOIRE DU GRAND LIVRE.

Le *répertoire* est un livre mince, de format in-folio, que l'on tient par ordre alphabétique, et qui sert à trouver avec facilité les comptes portés sur le grand livre. Ce dernier n'étant pas facile à manier, le *répertoire* est séparé et forme un livre à part. Les autres registres, d'un format plus petit ont leur *répertoire* à la fin du volume.

Nota. Il y a encore plusieurs autres registres, comme le *livre d'expéditions* ou *des commissionnaires*, celui où l'on note les envois que l'on fait, les numéros, marques, poids des colis, soit caisses ou ballots que l'on expédie, le nom du commissionnaire à qui on les remet, le prix du transport et le nombre de jours mis sur la lettre de voiture. Le *livre des commissions ou demandes*, celui où l'on copie les demandes qui arrivent par la correspondance. Le *livre des engagements de commerce*, celui où l'on inscrit les promesses que l'on souscrit. Ce dernier livre peut facilement être supprimé au moyen du livre de traites et remises et du carnet d'échéances. Enfin chaque commerçant crée les livres qui lui semblent le plus utiles pour ménager son temps et faciliter ses recherches. Le Teneur de livres n'a pas à s'occuper de ces registres auxiliaires, qui servent aux autres commis de magasin, chacun dans sa spécialité.

27. ÉCRITURES. — PASSER UNE ÉCRITURE.

Le mot *écritures* est une expression synonime de *livres*, et signifie aussi tout ce qu'on écrit sur des livres de commerce. On dit *écritures* en partie double; tenir les *écritures*; commis aux *écritures*. — *Passer une écriture*, c'est écrire un article de compte.

28. RAPPORTER LES ÉCRITURES.

C'est transcrire sur le grand livre les articles passés au journal général.

29. POINTER LES ÉCRITURES.

C'est s'assurer, au moyen du *pointage*, que les écritures ont été bien rapportées. Le *pointage* se fait par deux personnes: l'une a sous les yeux le journal général et l'autre le grand livre. La première appelle les folios des comptes et les sommes qui sont, soit au débit soit au crédit; la seconde répète les sommes, quand elles sont justes, et les deux vérificateurs font chacun un *point* au crayon à côté des chiffres appelés.

30. CONTRE-PARTIE DANS LES ÉCRITURES.

On passe une écriture en *contre-partie* quand on s'est trompé soit dans la rédaction d'un article au journal général, soit dans le rapport d'un article au grand livre. On passe alors un article pour annuler celui qui a été mal passé, et on rédige l'écriture comme elle aurait dû l'être. La première de ces opérations s'appelle *contre-partie*.

31. REPORT DES ÉCRITURES.

Reporter une écriture, c'est la transporter d'un folio d'un livre à un autre.

32. DÉBITER PAR LE CRÉDIT. — CRÉDITER PAR LE DÉBIT.

Formules par lesquelles on désigne comment un article doit être passé en partie double. Si l'on vous dit de *débiter* Pierre *par le crédit* de Jean, on vous trace la manière de rédiger votre écriture, et vous devez dire, *Pierre doit à Jean.* Il en sera de même quand vous *créditerez* Paul *par le débit* de Louis, car vous écrirez : *Louis doit à Paul.*

33. BALANCE GÉNÉRALE DES ÉCRITURES.

Lorsque l'époque de l'inventaire est arrivée, tandis que les employés d'une maison s'occupent à compter les marchandises, le Teneur de livres fait la balance *particulière* des comptes et vérifie au moyen de la *balance générale*, si les écritures ont été bien tenues et quel est le profit du commerce. C'est ici où l'attention et l'exactitude vont recevoir leur récompense, car si tous les articles de l'année ont été régulièrement passés, il y aura égalité parfaite entre la balance particulière du compte général *pertes et profits* (1), et la balance générale de tous les autres comptes. Voici comment procède le Teneur de livres. Il prend une feuille de papier, note d'un côté les débiteurs et de l'autre les créanciers, et additionne les *balances* de leurs comptes.

S'il y a parité, c'est-à-dire si le montant des *balances* du débit est égal à celui des balances du crédit, le compte de *pertes et profits* devra se trouver égal des deux côtés ; le négociant est sûr alors de son résultat : il n'a rien gagné, il n'a rien perdu.

Si les additions des balances particulières présentent une différence du côté des créanciers, de 10,000 fr. par exemple, le compte *pertes et profits* présentera cette même différence pour *balance* au débit, et si au contraire la *balance générale* se trouve du côté des débiteurs pour rendre égales les deux

(1) J'expliquerai plus loin cette expression.

additions, le compte *pertes et profits* reproduira la même balance au crédit. Dans le premier cas, il y aura bénéfice de 10,000 fr., et dans le second, il y aura perte d'autant.

Eclaircissons par des exemples ces observations qui sont quelque peu obscures.

Remarquons deux choses : 1° c'est que toutes nos balances de comptes sont faites et reportées à nouveau ; 2° QUE LE COMPTE *pertes et profits* EST EXCEPTÉ DE NOS CALCULS, PARCE QUE, RÉSUMANT TOUTES NOS OPÉRATIONS, IL DOIT EN ÊTRE LA PREUVE.

1° Nos débiteurs sont au nombre de cent et les balances réunies de leurs comptes sont de . . . . 102,000 fr.

L'addition des balances de vingt créanciers offre ce même résultat de 102,000

Balance générale. . . . . .   »   »

Mais avons-nous bien procédé ? Vérifions le compte *pertes et profits.* Ce compte est débiteur de. . . . . 22,000 fr.

mais il est aussi créancier de. . . , ... 22,000

Balance particulière . . . .   »   »

Donc, il est naturellement soldé et n'offre point de balance particulière. Nos écritures sont exactes.

2° Nous avons pour . . . . 343,211 f. 05 c. de débiteurs, et pour . . . . 225,400 10 de créanciers.

Balance générale . . . . 117,810 f. 95 c.

Voilà un beau résultat, mais est-il juste ? Le compte *pertes et profits* va nous l'apprendre. Nous trouvons à son crédit . . . . 181,302 f. 25 c.

et à son débit. 63,491 30

Au débit, la balance particulière est bien de . . . . . 117,810 f. 95 c. Nous avons donc bien opéré.

3° Nous additionnons les balances de nos comptes. Les créanciers nous offrent une somme de . . . . 81,207 f. 30 c.

et les débiteurs un total de 79,105 30

Balance générale . . . . 2,102 f. »

Aurions-nous réellement perdu cette somme? Consultons le compte de *pertes et profits*. Nous voyons à son débit. . . . . 12,140 f.

et à son crédit , seulement 10,038

Au crédit. — Balance particulière . . . 2,102 f.

C'est bien cela.

Si la balance particulière du compte *pertes et profits* , n'est pas semblable , chiffre pour chiffre, à la balance générale de tous les autres comptes, le Teneur de livres peut être certain qu'il s'est trompé. Il n'a alors qu'un parti à prendre, c'est de refaire toutes ses additions et de pointer ses écritures depuis le commencement jusqu'à la fin. C'est une rude besogne, qu'il faut accepter avec résignation , en expiation de l'inattention dans le rapport des écritures. Avec un peu de patience et un travail plus ou moins long, on trouvera son erreur et sa balance.

L'élève peut faire maintenant deux remarques instructives. La première , c'est que le compte *pertes et profits* , en résumant le produit net des autres comptes , est une preuve de la régularité des écritures , et comme une Tenue de livres à part, au milieu de la Tenue de livres générale; de là vient le nom de *partie double*. La seconde , c'est qu'on ne peut mieux dénommer cette opération finale des comptes que par ce mot *balance*. En effet, on met les débiteurs comme dans un *plateau de balance*, et les créanciers dans l'autre , s'il manque un *poids* pour rendre les deux *plateaux* de même pesanteur , la *balance* particulière du compte *pertes et profits* apparaît, se met du côté le plus léger, et les deux plateaux sont à l'instant placés dans un équilibre parfait.

Exercices. — L'élève résoudra les trois problèmes suivants :

1º Les débiteurs à un inventaire étant de 12,125 fr. et les créanciers de 13,120 fr., quelle sera la balance particulière du compte *pertes et profits*? cette balance sera-t-elle une perte ou un bénéfice?

2º Les crédits du compte *pertes et profits* s'élevant à 21,636 f. 65 c., et les débits à 19,721 f. 35 c., quelle sera la balance générale d'inventaire?

3º Les débits et les crédits du compte *pertes et profits* étant égaux , quel chiffre de bénéfice ou de perte la balance générale présentera-t-elle?

On suppose, dans ces trois cas , les écritures très-exactement tenues.

TROISIEME LEÇON.

DES ACHATS ET DES VENTES.

Définitions.

34. ACHAT.

Acte par lequel on acquiert la propriété d'une marchandise quelconque, moyennant un prix convenu.

35. VENTE.

Aliénation d'une marchandise moyennant un prix; échange d'un objet contre une certaine somme d'argent.

36. *ACHETER* AU COMPTANT. — *VENDRE* AU COMPTANT.

Acquérir des marchandises ou les céder contre des espèces comptées ou reçues de suite.

37. *ACHETER*, *VENDRE* A TERME.

Acheter ou vendre à condition que le paiement ne s'effectuera que dans un temps déterminé.

38. ESCOMPTE.

Remise, retenue faite par l'acheteur au vendeur; perte à laquelle le vendeur se soumet pour toucher un paiement avant l'époque fixée pour le terme.

39. *ACHETER*, *VENDRE* A TERME A CHARGE D'ESCOMPTE.

Acheter, vendre à raison d'une remise de tant pour cent par mois sur le paiement, qui sera effectué avant l'époque convenue, à proportion du temps qui restera à expirer, à compter du jour de ce paiement.

40. FACTURE.

Etat qui indique en détail la sorte, la qualité, la quantité et le prix des marchandises qu'un négociant expédie.

41. *ACHETER*, *VENDRE* A PRIX DE FACTURE, SUR LE PIED DE FACTURE.

Acheter, vendre au prix coutant, au prix courant.

42. *ACHETER*, *VENDRE* EN REMBOURSEMENT.

C'est convenir que le prix de l'achat, de la vente sera compté au commissionnaire qui remettra la marchandise.

43. FAIRE SUIVRE EN REMBOURSEMENT. EXPÉDIER EN REMBOURSEMENT.

C'est porter sur la lettre de voiture qui accompagne ordinairement les marchandises le montant d'une facture, d'un envoi.

44. ESCOMPTER UNE FACTURE.

C'est l'acquitter moyennant une remise sur son montant.

45. COMMISSION.

Commande de marchandises, ordre de les expédier. — *Commission à jour fixe*, demande qui doit être rendue à destination à une époque fixée.

46. COMMISSION signifie aussi la prime que l'on paie à un courtier qui place des marchandises.

47. LAISSER POUR COMPTE, EN DÉPOT.

Refuser d'accepter des marchandises pour son compte; déclarer qu'on les garde aux risques et périls de l'expéditeur.

48. MARCHANDISES POUR COMPTE.

Celles qu'un client a refusé d'accepter ou de garder pour son propre compte.

49. COMPTE DE VENTE.

Quand un commerçant a laissé des marchandises pour compte, et que néanmoins, du consentement de l'expéditeur, il les a mises en vente; quand un négociant a reçu en dépôt des marchandises pour les vendre au compte d'un correspondant, il donne, après un certain temps l'état de ce qu'il a vendu et de ce qui lui reste. Il fait un *compte de vente*.

50. VALEUR A TELLE DATE.

Cette expression signifie qu'une marchandise est payable à telle date à 6 mois, par exemple. — *Je vous envoie ma facture* VALEUR COMPTANT, c'est-à-dire, payable au comptant sans escompte.

51. PAIEMENT A COMPTE.

Paiement d'une partie de ce qui est dû.

52. PAIEMENT POUR SOLDE.

Achever de payer une facture sur laquelle on a déjà donné des à compte.

53. POIDS BRUT. — TARE. — POIDS NET.

Le *poids brut* signifie qu'une marchandise pèse tant avec son enveloppe ou son emballage. — La *tare* indique le poids de cette enveloppe, de cet emballage. — *Poids net* désigne la pesanteur réelle à apprécier. — *Faire la tare*, vérifier le poids de l'enveloppe.

Ces trois mots amènent toujours une soustraction. Exemple :

Kil. 100 brut.
10 tare.
——————
90 net.

DES EFFETS DE COMMERCE.

Définitions.

54. EFFETS. — REMISES. — VALEURS.

Ces trois expressions sont synonimes. Elles désignent en général les papiers de commerce destinés au paiement des sommes dues par un négociant et susceptibles d'être cédés par voie d'endossement.

55. ENDOS ou ENDOSSEMENT, ENDOSSER, ENDOSSEUR.

L'*endos* ou l'*endossement* consiste à mettre sa signature derrière un effet de commerce, en la faisant précéder des mots : *Payez à l'ordre de Monsieur un tel*, *valeur en compte* (ou *comptant*, ou *pour solde*, suivant le cas). Agir ainsi c'est *endosser* un effet, c'est être *endosseur*.

56. TIERS-PORTEUR.

Les *tiers-porteurs* d'un effet sont ceux des endosseurs qui viennent ordinairement après le premier. Dans quelques cas, le second endosseur peut n'être pas *tiers-porteur*, c'est lorsque la signature du *tireur* se trouve répétée au premier endossement.

57. LE TIREUR. — LE TIRÉ.

Le *tireur* d'un effet est celui qui le dispose sur quelqu'un ; le *tiré* est celui sur qui on l'a disposé.

58. A L'ORDRE D'UN TEL.

Formule de l'endossement, exprimée quelquefois dans le corps même d'un effet, par laquelle la propriété de cet effet est transmise de négociant à négociant.

59. A ORDRE.

Expression désignant la nature de l'effet dont le transport peut être fait par voie d'endossement.

60. BILLET. — PROMESSE.

Le *billet* est un écrit par lequel on s'engage à payer une certaine somme.

Le *billet à ordre* est celui qui peut être cédé par endossement ; lorsque le billet n'est point à ordre, il devient une simple *promesse*, que l'endos ne peut aliéner.

61. NÉGOCIER UN EFFET.

Le céder à un banquier ou capitaliste, qui en compte le montant en retenant un escompte.

62. NÉGOCIABLE.

Se dit des effets à ordre. La *promesse* n'est pas négociable.

63. LETTRE DE CHANGE.

Contrat par lequel un négociant cède à un autre les fonds qu'il possède dans un autre pays. La *lettre de change* est toujours *à ordre* et négociable.

64. ACCEPTATION.

Déclaration par laquelle celui sur qui une lettre de change est tirée, ou même un tiers intervenant, contracte l'engagement de la payer à la date énoncée. Cette *acceptation* doit être pure et simple, écrite, signée et exprimée par le mot *accepté*. Celui qui accepte une lettre de change en devient le véritable souscripteur et est forcé au paiement, sur son honneur commercial.

65. TRAITE. — MANDAT.

Ce sont les deux variétés de la lettre de change. La *traite* est sur papier timbré et susceptible d'acceptation. Le *mandat* est ordinairement sur papier libre et n'est pas soumis à l'acceptation du tiré. Le *mandat* est moins impératif que la *traite*.

66. BROCHE.

Effet de petite somme. *Faire la broche*, se dit d'un banquier qui consent à recevoir contre des espèces, et moyennant escompte, les effets de sommes peu importantes.

67. ÉCHÉANCE. — A VUE. — A UN OU PLUSIEURS JOURS DE VUE.

Échéance, date à laquelle un effet est payable. — *A vue*, indique que le tiré doit payer le jour de la présentation de l'effet. — *A deux jours de vue*, traite payable deux jours après sa présentation. Le tiré inscrit sur l'effet : *vu tel jour*.

68. ESCOMPTE. — ESCOMPTER UN EFFET.

L'escompte est la somme que se retient un banquier pour prendre un effet et en faire le recouvrement à ses frais. — *Escompter un effet*, c'est en compter le montant en retenant l'escompte.

3

69. PROTET. — FAIRE PROTESTER UN EFFET.

Quand une lettre de change n'est point acceptée par le tiré, ou qu'il en refuse le paiement, le tiers porteur la *fait protester*. Il en est de même d'un billet. Cet acte se nomme *protêt*. Dans le premier cas le *protêt* se nomme *protêt faute d'acceptation*, et dans le second, *protêt faute de paiement*.

Le protêt consiste donc à faire constater par un notaire ou un huissier que l'effet n'a point été accepté ou payé.

Le *protêt* entraîne des frais qui sont à la charge de qui de droit.

Le défaut de *protêt à temps utile*, c'est-à-dire, dans le délai fixé par la loi, met le tiers porteur d'un effet dans un mauvais cas, il perd son recours contre tous les endosseurs, et ne peut plus alors se faire rembourser que par le tireur.

70. INTÉRÊTS. — CHANGE DE PLACE. — CHANGE. — RECHANGE. — AGIO. — COURTAGE. — CERTIFICAT. — RETRAITE.

Mots inventés par les banquiers pour faire monter l'escompte d'un effet, et surtout quand il a été protesté, à un taux réellement usuraire.

L'*intérêt* est la somme résultant du calcul autorisé par la loi des intérêts à 6 p. 0/0 pour un an, depuis le jour de l'escompte ou du protêt d'un effet, jusqu'au jour du paiement, ou de la nouvelle échéance.

Le *change de place* est le prix des frais à payer pour faire parvenir un effet dans une autre ville.

Change, mot synonime d'escompte. (*Voyez* art. 68.)

Rechange se dit du nouveau droit qu'exige le banquier pour escompter de nouveau un effet protesté.

Agio, sorte de prime, que rien ne justifie, exigée au renouvellement d'un effet.

Courtage, prix des services de l'agent de change qui procure la négociation d'un effet.

Certificat, attestation pour certifier le prix courant du change de place.

Retraite. — *Re-traite*, traite nouvelle accompagnée du *compte de retour* auquel donnent lieu tous ces frais.

71. COMPTE DE RETOUR.

Bordereau, (état, note) des frais que coûte un effet protesté.

Pour donner une idée des sommes qu'un négociant paie quelquefois aux banquiers, quand il leur négocie des effets qui lui reviennent protestés, je vais faire un calcul.

Un négociant de Lyon tire sur un de ses correspondants de Béziers une traite de 1000 fr. à 60 jours (2 mois) d'échéance. Il paie d'abord :

Intérêts pour 60 jours à 6 p. 0/0 l'an . . . . . . 10 f.
Change, 1 p. 0/0 . . . . 10 } 20 f. » c.

La traite est protestée ; elle revient à Lyon avec un compte de retour, justifié par le bordereau suivant :

Protêt et enregistrement 10 25
Retraite . . . . 1 »
Perte à la retraite, ou change de place à 1 p. 0/0. 10 10
Courtage ou commission, 1/2 p. 0/0 . . . . . 5 05
Certificat, 1 p. mille . . . . » 11
Intérêts de 1 mois, à 6 p. 0/0 l'an 5 05
Timbre de la retraite . . . . » 50
Timbre du compte de retour . . . . » 50

                                              32 56
Le banquier ajoute : ports de lettres . . . . . . 3 » } 35 56

Mais le négociant de Lyon n'a pas d'argent pour faire le remboursement de cet effet ; il prie le banquier de se charger du recouvrement d'une nouvelle traite qui sera payée à un mois. Le banquier y consent, moyennant :

Agio 5 04
Intérêts d'un mois sur 1050 56 . . . . 5 25 } 20 79
Rechange sur la même somme à 1 p. 0/0 . . . . 10 50

TOTAL des frais pour quatre mois, 76 f. 35 c.
c'est-à dire, près de 23 p. 0/0 par an.

Il est vrai que tous les banquiers n'ont pas des tarifs aussi exagérés. Pour conjurer cette rapacité financière, les négociants mettent souvent sur leurs traites ou mandats, les mots suivants :

72. **RETOUR SANS FRAIS, MOTIFS DE REFUS.**

C'est un avertissement, une prière au tiers-porteur de ne pas faire de frais ; de ne pas faire protester, en cas de non acceptation ou de non paiement. Alors, si le tiers-porteur est consciencieux, les frais se bornent à quelques ports de lettres.

73. CIRCULATION.

Un effet est en *circulation*, quand il a été négocié, et qu'on ne peut plus empêcher qu'il ne soit présenté au tiré.

74. GROUP.

Sac cacheté plein d'or ou d'argent qu'on envoie d'une ville à une autre ville.

EXERCICES. — *Nota.* Les billets à ordre énoncent : 1° la ville où ils sont souscrits et la date ; 2° la somme en chiffres, sur la même ligne, en faisant précéder le chiffre des lettres *B. P.* (Bon pour) ; 3° l'échéance ; 4° l'engagement de payer ; 5° l'ordre ; 6° la somme en toutes lettres ; 7° la valeur en remplacement de laquelle ils sont souscrits ; 8° la signature ; 9° en bas, à gauche, le domicile.

Les traites ou mandats diffèrent des billets à ordre en ce que 1° au 4° le tireur donne ordre de payer ; 2° en ce que au 9° se lit le nom et l'adresse du tiré.

Les promesses ne diffèrent des billets qu'en ce qu'elles ne mentionnent pas d'ordre.

D'après ces observations l'élève rédigera :

1° Un modèle de billet à ordre, souscrit par Valoz à Perrin, daté de Paris 16 juillet 1849, et payable le 15 décembre même année, à Lyon, place Bellecour, n° 15, de fr. 1000, valeur reçue comptant.

2° Un modèle de traite ou mandat. Tireur : Trautel de Nîmes, le 25 novembre 1849. Tiré : Legaret, de Lille, au 31 décembre 1849. Somme 500 fr. Valeur pour facture entière du même jour que la date.

3° Un modèle de simple promesse de fr. 6000, reçus en espèces de Madame Bontoux de Lyon, par Casimir Reverd, de la même ville, quai St-Clair, 5, datée du 1er juillet 1849, payable dans un an au même jour.

Avertissement. — Quelques personnes pourront considérer cette leçon comme étrangère à la Tenue de livres. Mais les jeunes Teneurs de livres ne tarderont pas à en apprécier l'importance. Il n'y a pas de position plus désagréable pour un jeune homme ou une jeune personne qui, après avoir fait à la pension, un bon cours de Tenue de livres, tombe tout-à-coup dans une maison de commerce, au milieu des affaires, que d'entendre des mots dont le plus petit commis pourrait lui donner l'explication. Aussi j'engage les élèves à ne point passer outre, quand ils ne comprendront point une expression, et à demander une explication au professeur, quand ils lui entendront prononcer un mot nouveau qui pourrait avoir été omis dans nos leçons.

J'ajoute qu'un Teneur de livres doit parfaitement connaître tout ce qui a rapport aux effets de commerce, parce que c'est lui qui est chargé de donner aux correspondants avis des traites qu'on forme sur eux, de les négocier, ou de les remettre au caissier, après les avoir passées par traites et remises.

QUATRIÈME LEÇON.

Définitions.

75. ASSOCIATION. — S'ASSOCIER. — ASSOCIÉ.

Lorsque deux ou plusieurs personnes veulent acquérir une fortune honorablement, au prix des veilles et du travail, et qu'elles ne sont pas assez riches pour faire, chacune en particulier, un commerce étendu, elles *s'associent*, elles forment une *association*. On nomme *associés* les membres qui composent cette association.

76. SOCIÉTÉ.

Former une association, c'est donc mettre en commun son argent, son activité, son intelligence, son travail, et le résultat de cette réunion de moyens d'action est une *société de commerce*.

Considéré individuellement, l'associé d'une maison de commerce reste totalement étranger aux affaires d'une société; il ne fait acte d'associé que lorsqu'il agit dans l'intérêt général.

Il y a plusieurs espèces de *sociétés*. La *société en nom collectif* est celle dont nous venons de parler; c'est la plus ordinaire. La *société en commandite* se forme entre un (ou plusieurs associés responsables et solidaires), d'une part, et un (ou plusieurs associés simples bailleurs de fonds), d'autre part. Ces derniers ne participent point au travail, ils fournissent l'argent nécessaire au commerce. La *société en participation* est souvent une fraction des deux autres et a un but déterminé et particulier; elle peut exister dans une autre société. Enfin, la *société anonyme* est celle dont le nom n'est pas connu du public.

77. RAISON SOCIALE.

On appelle *raison sociale* le nom que prend une société. FERDINAND GAUTHIER ET Cie, — LEVALLOIS ET LETALE, etc., sont des *raisons sociales*.

78. NOTRE SIEUR.

Lorsqu'un membre d'une société, écrivant ou parlant au nom de la *raison sociale*, veut désigner un associé, il ne se sert pas du mot *Monsieur* un tel, qui semblerait indiquer par sa nature cérémonieuse qu'il n'y a pas entente cordiale

entre les divers membres de la société, il dit *Notre sieur* un tel. C'est l'abbré-
viation en usage de cette locution qui serait trop longue : *Monsieur un tel,
associé de notre maison.*

79. ACTIF. — PASSIF. — DETTES ACTIVES. — DETTES PASSIVES.

L'*actif* d'une société est sa richesse. Il se compose des marchandises qui sont
en magasin, des meubles et immeubles mis en société, de l'argent qui est en
caisse, des effets que contient le porte-feuille, et enfin des sommes qui sont
dues par les clients. Ces sommes sont nommées *dettes actives*. — Le *passif* d'une
société comprend l'apport de chaque associé, les engagements contractés à sa
charge et les sommes ou *dettes passives* dont elle est redevable à ses fournis-
seurs ou créanciers à tout autre titre.

80. MISE DE FONDS.

La *mise de fonds* est la somme qu'un associé apporte dans le commerce; elle
est fixée pour chaque associé dans l'acte de société.

81. CONTRAT DE SOCIÉTÉ.

C'est l'acte qui détermine les conditions, la durée et le mode d'existence
d'une association.

82. FRAIS GÉNÉRAUX. — MENUS FRAIS.

Les *frais généraux* d'une société sont le loyer, les intérêts des sommes em-
pruntées, les appointements des commis, les honoraires attribués à chaque
associé pour son existence, et généralement tous les frais qui grèvent men-
suellement ou annuellement une société. — Les *menus frais* sont ceux qui se
font au jour le jour, comme l'éclairage, le chauffage, les ports de lettres, les
factages, etc., etc.; c'est, en un mot, une fraction des frais généraux.

83. LEVÉES.

On désigne par ce mot les honoraires de chaque associé.

84. BÉNÉFICES. — PERTES.

C'est le résultat du commerce; le *bénéfice* est le but de la société, la *perte*
en est le danger.

85. ÊTRE AU-DESSOUS DE SES AFFAIRES.

On est au-dessous de ses affaires, quand les dettes passives s'élèvent à un
chiffre supérieur aux dettes actives.

86. SUSPENSION DE PAIEMENTS.

Le négociant *suspend ses paiements* quand il ne fait pas honneur aux engagements contractés envers des tiers.

87. FAILLITE. – BANQUEROUTE.

Ces deux mots sont presque synonimes ; il ne faut pourtant pas les confondre. Il y a *faillite* quand un commerçant, par suite d'événements imprévus, indépendants de sa volonté, est hors d'état de payer ses dettes et qu'il abandonne tout ce qu'il possède à ses créanciers. Il y a *banqueroute* quand, par suite de folles entreprises ou de tout autre événement imprudemment provoqué, le négociant fait perdre ses créanciers. La *faillite* suppose la bonne foi, les malheurs, c'est la *chûte* du commerce. La *banqueroute* suppose la fraude, la spéculation, c'est la *cessation* complète des affaires.

88. BILAN.

Le mot *bilan* a deux significations. — C'est en premier lieu l'état, le bordereau de ce qu'on possède et de ce qu'on doit. En ce cas, c'est la balance d'inventaire. Un négociant fait son *bilan* tous les ans pour se rendre compte de sa situation commerciale. En second lieu, le *bilan* est l'exposé du passif et de l'actif du négociant en état de faillite ; *déposer son bilan*, c'est reconnaître qu'on ne peut momentanément continuer ses paiements ; c'est une mesure ordonnée par la loi ; elle doit avoir lieu trois jours après la suspension.

89. DISSOLUTION DE SOCIÉTÉ.

La *dissolution de société* est la cessation d'un commerce entre associés. Elle a lieu quand la société est arrivée à son terme, quand le commerce s'éteint ou quand un associé meurt. Elle peut aussi avoir lieu par le consentement amiable des associés.

90. LIQUIDATION.

Une société entre en *liquidation* immédiatement après sa dissolution. La *liquidation* comprend toutes les opérations nécessaires à l'écoulement des marchandises et meubles appartenant à la société dissoute, au paiement des dettes passives, à la rentrée des dettes actives, enfin au partage de l'actif restant. Il est interdit à un *liquidateur* de faire des opérations étrangères au but quadruple de la *liquidation*.

EXERCICE. — Le Teneur de livres doit savoir rédiger un contrat de société et les conventions relatives à la dissolution et à la liquidation.

L'élève remplira les deux canevas suivants :

1° *Contrat de Société.*

Entre FRÉDÉRIC LEVALLE, rentier, demeurant à Paris, rue St-Jacques, 7, d'une part ;

et Théodore Pillet, domicilié dans la même ville, rue Git-le-Cœur, 1, d'autre part,
Il a été convenu ce qui suit :

1° Association pour le commerce de l'Imagerie :

2° Raison sociale : Levalle et Pillet ;

3° Mise de fonds de chaque associé : 20,000 francs ;

4° Attribution à chacun de 1,000 francs par an, à titre de levées ;

5° Chaque associé aura la signature sociale ;

6° Durée de la société : 6 ans, date du 1er janvier 1849 ;

7° Siège de la société : rue St-Jacques, 7 ;

8° Partage égal dans les bénéfices et les pertes ;

9° Engagement réciproque de se soumettre aux lois en vigueur sur les sociétés commerciales et leurs effets.

Paris, le 15 décembre 1849.

2° Contrat de dissolution.

Entre les sieurs, etc. (comme ci-dessus).

1° Déclaration que la société, qui a duré un an, est dissoute ;

2° Liquidation confiée, à frais et bénéfices communs, à F. Levalle.

Paris, le 1er janvier 1850.

CINQUIÈME LEÇON.

THÉORIE DES COMPTES.

§ I. — *Comptes généraux.*

Le négociant qui entreprend un commerce y consacre d'abord une certaine somme. C'est la première de ses pensées ; car il lui faut de l'argent pour s'établir. Il s'ouvre donc un compte qu'il intitule : Caisse générale. C'est le premier des comptes généraux.

Que fait-il de cet argent qu'il verse à sa caisse ? Il le convertit de suite en marchandises. Ces marchandises, tant qu'elles ne sont point vendues, font partie de son actif ; mais ce n'est pas de l'argent. Il s'ouvre donc un second compte sous le nom de

MARCHANDISES GÉNÉRALES.

Il n'emploie pas de suite tout son argent à acheter des marchandises. Il garde quelques mille francs dans sa caisse pour payer ses menus frais, pour profiter des bonnes occasions qui peuvent se présenter d'acheter au comptant, et à bon prix, de nouvelles marchandises ; ce qu'il a de trop, il le donne à un banquier qui lui en paie l'intérêt, ou il se procure des effets de commerce qui sont payables plus tard. Dans le premier cas, il ouvre un *compte courant* à son banquier, dans le second cas il s'ouvre à lui-même un troisième compte général, auquel il donne pour titre :

TRAITES ET REMISES.

Mais en prenant des effets de commerce, contre lesquels il donne son argent, il réalise un bénéfice résultant sinon du change de place, du moins des intérêts légaux à 6 p. 0/0 l'an, qui courent à partir de l'époque où il débourse son argent, jusqu'à l'échéance des effets. Il fait dès-lors un profit, et le note en s'ouvrant un compte de

PERTES ET PROFITS.

Je dis *pertes et profits*, et non pas *profits et pertes*. Ce dernier mot a été jusqu'ici, soit dans la théorie, soit dans la pratique, généralement adopté, et c'est, à mon avis, un vrai contre-sens. Voici les raisons de ce sentiment.

Il a été convenu de tout temps que les sommes qu'on portait au débit de ce compte présentaient les *pertes*, et que celles mises au crédit étaient les *profits*. J'adopte pleinement cette manière, quoiqu'elle contredise les principes de tous les autres comptes, généraux ou particuliers, qui représentent à leur débit l'actif du négociant, et au crédit les sommes distraites de l'actif, pour courir toutes les chances commerciales. Je l'adopte, parce que c'est précisément cette méthode à rebours, qui fait le mérite principal, et la base ingénieuse du système à partie double, comme je l'ai déjà dit et comme on le verra clairement tout-à-l'heure.

Les choses étant ainsi, je pose cet axiôme incontestable : LE DÉBITEUR S'É-NONCE LE PREMIER. Jamais, en effet, l'on n'a vu depuis l'origine de la Tenue de livres, et l'on ne verra jamais un article de compte rédigé de manière à présenter d'abord à l'esprit le créancier. Il faudrait adopter des formules barbares, semblables à celles-ci :

à Pierre il est dû par Paul.

à Pierre doit Paul.

à Pierre, Paul.

Ces formules seraient contre nature : car le débiteur existe avant le créancier. Pour *avoir*, pour devenir *créancier*, il faut de toute nécessité constituer d'abord un débiteur.

Il est donc naturel, il est impérieusement nécessaire de nommer le débiteur le premier. Or, en disant *profits et pertes*, vous nommez le débiteur (*pertes*) le dernier, et le créancier (*profits*) le premier. Vous péchez donc contre la loi de nature, contre la logique, et contre les règles adoptées en matière de Tenue de livres.

Mais ce n'est pas tout. Je sais par expérience personnelle que ce compte est le plus difficile à comprendre pour les élèves et les commençants, parce qu'on n'a pas le soin de leur expliquer qu'il se tient à l'inverse des autres comptes, dont il est le *contrôleur*. D'où vient ce défaut d'explication ? C'est que les professeurs eux-mêmes ignorent le sens véritable de cette dénomination : *partie double*.

Divers auteurs infiniment recommandables et que je me garderai bien de critiquer sur d'autres points, donnent la raison de cette expression, par cette réflexion que le même article contient deux écritures. Eh! rien n'est plus faux pour le compte de *pertes et profits*. Le Teneur de livres en partie double est souvent obligé de passer deux articles, quand ce compte intervient, et dans ce cas le Teneur de livres en partie simple s'exprime bien plus clairement et avec plus de concision. Un exemple va servir de preuve.

Caramel, épicier à Lyon, a vendu à Drager de Mâcon pour 100 fr. 35 c. de sucre. Pastil, commis voyageur de Caramel, passe à Mâcon et reçoit pour solde de la facture de son patron 100 fr., Drager lui faisant un rabais de 35 c.

Caramel, qui tient ses livres en partie simple, passe ainsi les écritures de cette opération :

———————————————— Date. ————————————————

Doit PASTIL, mon voyageur,
Pour espèces qu'il a reçues de DRAGER de Mâcon . . . . 100 f.

———————————————— Date. ————————————————

Avoir DRAGER de Mâcon,
Pour espèces qu'il a comptées à PASTIL mon voyageur, 100f. » c. ⎫
⎬ 100 35.
Rabais admis, » 35 ⎭

Le Teneur de livres en partie double a deux manières de passer cette écriture.

La première et la plus naturelle est celle-ci :

————————————— Date. —————————————

PASTIL mon voyageur à DRAGER de Mâcon,
Pour espèces reçues du second par le premier . . . . 100 f. » c.

————————————— Date. —————————————

Profits et pertes à DRAGER de Mâcon ,
Pour rabais fait par DRAGER à PASTIL mon voyageur . . . . . » 35 c.

La seconde manière, qui est plus habile, et indique le bon praticien, consiste à écrire :

————————————— Date. —————————————

Les suivants à DRAGER de Mâcon . . . . 100 f. 35 c.

PASTIL mon voyageur.
Pour espèces reçues de DRAGER . . . . 100 »

Profits et pertes.
Pour rabais admis en faveur de DRAGER . . . . » 35

Dans les deux cas, le Teneur de livres en partie double a-t-il simplifié l'écriture ? A-t-il une manière de la réduire à un seul article ? Car la seconde manière contient deux articles comme la première. Il n'y a donc pas moyen de mettre deux écritures en un seul article quand apparaît le compte de *pertes et profits*. Il faut faire, au contraire, deux articles pour la même écriture. C'est que ce compte vous *contrôle* forcément et malgré vous ; c'est qu'il vous oblige à noter ces 35 cent. qui manqueraient à votre balance générale ; c'est, en un mot, qu'il tient registre de vos opérations à côté de vous ; c'est un Teneur de livres muet qui pointe vos erreurs, et vous avertit tôt ou tard de les redresser. C'est la *partie double* de vos écritures.

On comprendra bien mieux encore ceci quand je démontrerai à la leçon suivante que pour bien raisonner un article de compte , il faut renverser les axiômes et les syllogismes, non seulement dans les mots, mais encore dans les idées, lorsqu'il faudra passer un article au compte de *pertes et profits*. On concluera alors qu'il y a *partie double* d'écritures, puisqu'on verra qu'on les passe deux fois par des raisonnements opposés qui aboutissent au même résultat.

Cette fausse idée qu'on se fait de la *partie double* n'existe pas en Italie d'où nous est arrivée cette méthode. Aussi n'hésité-je pas à croire que le contre-sens d'un traducteur a occasionné cette bévue séculaire.

Mais j'oublie que j'ai promis une seconde explication de mon titre d'adoption : *pertes et profits*. Cette explication est toute élémentaire. En inscrivant, comme on le fait, *profits et pertes*, en tête d'un compte et sur une même ligne, le mot *profits* se trouve au-dessus de la page où est écrit le débit (qui est une perte), et le mot *pertes* est placé au-dessus des sommes du crédit, (qui est le profit). N'est-ce pas renverser les idées et mettre à dessein de la confusion dans la pratique du Teneur de livres peu exercé ? Ne vaut-il pas mieux inscrire *pertes* au-dessus des pertes, représentées par le débit, et, *profits* au-dessus des profits, représentés par le crédit. Alors, pour se guider, le Teneur de livres n'a qu'à consulter sa tête de compte. Disons donc, pour être vrais, naturels et logiques : *Pertes et profits.*

Je ne saurais trop engager les élèves à étudier la marche du compte *pertes et profits*. Bien connaître son mécanisme, c'est être fort avancé dans la science de la Tenue de livres.

Je n'ai tant insisté sur cette idée de la *partie double* et sur cette dénomination nouvelle de *pertes et profits* que parce que je m'attaque à une erreur enracinée, propagée par les bons professeurs, et à une expression consacrée depuis plusieurs siècles. J'espère qu'à l'aide d'un peu de logique et de bonne foi, tout le monde se rangera à mon avis.

Je reviens au négociant. Dans la position où nous l'avons laissé, il a ouvert ses quatre comptes généraux, savoir :

CAISSE GÉNÉRALE.

MARCHANDISES GÉNÉRALES.

TRAITES ET REMISES.

PERTES ET PROFITS.

Le compte CAISSE GÉNÉRALE représente le négociant dans son argent. Il porte au débit de ce compte toutes les espèces qu'il reçoit, et au crédit toutes celles qu'il donne.

MARCHANDISES GÉNÉRALES le représentent dans ses marchandises. Il débite ce compte de toutes les marchandises qui entrent dans son magasin, et le crédite de toutes celles qui en sortent.

TRAITES ET REMISES le représentent dans son portefeuille. Ce compte est débité des remises qu'on met en portefeuille ; il est crédité de celles qu'on en tire pour les négociations ou les paiements.

Enfin, PERTES ET PROFITS représentent le négociant dans ses bénéfices ou ses malheurs. La perte est portée au débit, le profit est porté au crédit. C'est le résumé de tous les comptes du commerce, celui auquel viennent aboutir toutes les opérations. Il dit non seulement si l'on a opéré en bien ou en mal, mais encore si l'on a bien transcrit les mille écritures qui se présentent dans une Tenue de livres. C'est, comme je l'ai déjà dit, le compte *contrôleur*.

Mais le négociant qui veut avoir son cœur clair de toutes les parties de son commerce ne se contente pas de ces quatre comptes généraux. Il veut savoir ce que lui rapporte une opération partielle de marchandises, vendues dans une foire ou dans une ville où il a un dépôt ; il veut connaître les dépenses que lui occasionnent par an ses menus frais, sa correspondance, etc., alors il ouvre des *comptes impersonnels*.

§ II. — *Comptes impersonnels.*

Les *comptes impersonnels* sont des subdivisions des comptes généraux, je l'ai déjà dit. Il serait trop long d'énumérer tous ceux que peut créer la fantaisie d'un négociant. Dans les cas dont je viens de parler au dernier alinéa du paragraphe précédent, il ouvrirait des comptes à

FOIRE DE TEL ENDROIT.

MARCHANDISES POUR COMPTE EN TELLE VILLE (OU CHEZ UN TEL).

MENUS FRAIS.

CORRESPONDANCE.

Les deux premiers sont des subdivisions du compte *marchandises générales*, et les deux derniers du compte *pertes et profits*.

Le compte *traites et remises* peut se subdiviser aussi en

Engagements de commerce, comprenant les billets, promesses et acceptations ;

En *traites à l'extérieur ;*

En *effets à recevoir en ville.*

Le compte CAISSE GÉNÉRALE peut être divisé en .

Petite caisse;

Caisse de détail.

Mais la plupart de ces comptes sont à peu près superflus. Il ne faut pas sans nécessité multiplier les écritures. On doit s'en tenir aux *comptes imper-sonnels*, jugés indispensables pour la clarté des opérations, comme :

Meubles et ustensiles ;

Compte de foire ;

Compte de voyage ;

Marchandises pour compte ;

Débiteurs divers.

Et à quelques autres peut-être, suivant la pratique des maisons de commerce. Encore lorsqu'on peut donner un corps à ses idées, c'est-à-dire désigner par un nom propre un compte impersonnel, vaut-il mieux le faire. Rien n'est plus facile que de remplacer un compte intitulé *Marchandises pour compte, chez Salluvin à Rouen*, par celui de SALLUVIN de Rouen. (Marchandises pour compte).

Pour le compte de *débiteurs divers*, qui quoique impersonnel par son titre est en réalité une réunion de comptes particuliers, on fera bien de n'y porter que les débiteurs dont les demandes sont rares et peu importantes, et de numéroter les débits au fur et à mesure qu'ils se présentent, afin que lorsqu'on passe les crédits on puisse répéter le numéro des débits. De cette manière, lorsque la balance a lieu, on peut reconnaitre par un pointage facile les débiteurs en retard de paiements. Il convient aussi de ne pas multiplier trop les débiteurs de ce compte, parce qu'on a de la peine à s'y reconnaître en cas de recherches.

Il n'y a pas de théorie particulière aux *comptes impersonnels*, c'est la même que celle des comptes généraux, c'est-à-dire qu'on les débite des dépenses qu'ils occasionnent, des valeurs ou marchandises qu'on leur applique, et qu'on les crédite des rentrées qu'ils prouvent, soit en argent, soit en valeurs, soit en marchandises. On les balance, après opérations terminées, par *pertes et profits.*

§ III. — *Comptes personnels.*

Les *comptes personnels* sont ouverts à ceux qui composent le personnel d'une maison de commerce, chefs, associés, commis-voyageurs, employés de toute classe.

Mais si un commerce n'a qu'un chef qui fasse tout, ventes, voyages, expéditions, écritures, etc.? Alors il n'y a au grand livre qu'un *compte personnel*, nommé *compte de capital*. Il s'ouvre au crédit par le débit de l'un des trois premiers comptes généraux; on le continue en faisant figurer chaque année au débit ou au crédit, suivant le cas, le solde du compte de pertes et profits; et il ne se clot que lorsque le commerce est fini. Ce compte est débité des valeurs qu'on retire du commerce.

Il n'est pas très-rare qu'un chef de commerce fasse tout par lui-même ou par les membres de sa famille; s'il a un ou deux employés, il les paie régulièrement tous les mois, et sans leur ouvrir de compte personnel, il passe le montant de leurs honoraires au débit de pertes et profits, par le crédit de caisse.

Ordinairement les choses ne sont pas ainsi. Il y a dans une maison de commerce des employés, un chef ou plusieurs associés.

Les *comptes personnels* des employés sont débités chaque fois qu'ils touchent de l'argent par le crédit de caisse. A la fin de chaque année, ces comptes sont crédités par le débit de pertes et profits.

S'il n'y a qu'un chef, son *compte personnel* prend le nom de *compte de capital* et suit la théorie indiquée plus haut.

S'il y a plusieurs associés, la besogne se complique, chacun d'eux pouvant avoir plusieurs comptes.

Ordinairement chaque associé a deux comptes. Le premier est intitulé COMPTE DE FONDS et s'ouvre comme le compte de capital dont je viens de parler, c'est-à-dire au crédit par le débit des trois premiers comptes généraux. Lors de la liquidation, ce compte, représentant le capital ou la mise de fonds de l'associé, se solde le dernier, au marc le franc de l'apport dans la société. Le deuxième compte est le *compte de levées*, dont la théorie est en tout semblable à celle des comptes personnels des employés. Ces deux comptes ne portent pas intérêt.

Quelques associés ont aussi des *comptes obligés* et des *comptes libres*. Ces deux comptes prennent le titre de *compte courant obligé* et de *compte courant libre*. Ces comptes portent intérêt. Le moment n'est pas encore venu d'exposer la théorie de ces comptes. Je vais toutefois expliquer ces termes : *obligé* et *libre*.

Il peut arriver que de deux associés mettant une somme, égale ou non, de fonds dans un commerce, l'un soit plus favorisé que l'autre, soit en activité soit en talents. L'associé le plus capable impose alors à son associé l'obligation de verser dans le commerce, outre sa mise de fonds, une somme déterminée par le contrat de société. Voilà le *compte obligé*, qui ne peut subir, ainsi que le compte de fonds, aucun changement pendant toute la durée de la société.

Le *compte libre* est celui qui est ouvert du consentement de tous les membres d'une société à l'un des associés ou à chacun d'eux. Cette *liberté* doit avoir ses bornes ; car, d'une part, une société peut n'avoir pas besoin d'argent, et il serait onéreux pour elle de prendre des fonds dont elle paierait inutilement l'intérêt ; d'autre part, si un associé créditeur à un *compte libre* allait tout-à-coup retirer son argent, il apporterait une grande perturbation dans le mouvement des affaires sociales. Il faut donc, dans un acte de société ou lors du versement de fonds en *compte libre*, imposer des conditions à l'associé et le traiter comme un étranger.

On crédite les *comptes obligé et libre*, à l'ouverture, par le débit du compte général, auquel appartient la valeur fournie. On les crédite de l'intérêt, par pertes et profits.

§ IV. — *Comptes particuliers.*

Après ce que nous venons de voir :

1° On devine ce que sont les *comptes particuliers*. Ce sont ceux des individus qui sont en rapports d'affaires avec une maison de commerce.

2° La théorie de ces comptes paraîtra des plus simples. Un compte particulier est débité des valeurs qu'il reçoit, ou argent, ou marchandises, ou effets, par les comptes ou de *caisse générale*, ou de *marchandises générales*, ou de *traites et remises*. Il est crédité par l'un de ces trois comptes des valeurs qu'il fournit en paiement ; s'il y a un rabais et qu'il soit accepté, il est passé par *pertes et profits*.

EXERCICE. — L'élève, après avoir bien étudié cette leçon, pour être parfaitement en état de répondre aux questions du professeur, donnera par écrit la traduction des abréviations suivantes :

Cte	B^d
Cte C^{nt}	J^{al} G^{al}
C^t	C^{se}
Cte N^{au}	N^o
Cte A^n	Rep^{re}
N/ S/	Esc^{te}
N/ F^{re}	C^{on}
T^{es} et R^{es}	V^r
M^{ses} G^{les}	Ng^{on}
P^{tes} et P^{ts}	As^{on}
V^{tes}	Acc^{on}
M^{ses} p$_r$ Cte	Liq^{on}

AVIS. L'élève qui aura bien compris tout ce qui précède, se trouvera, sans s'en douter, très-avancé dans la connaissance de la Tenue des livres. Il croira n'avoir appris que des définitions, mais c'est précisément ce qui lui *aura donné la clé* de sa pratique. Il n'a plus qu'à *ouvrir la serrure* et à *entrer*. Par *ouvrir la serrure* nous entendons apprendre à raisonner un article de compte, ce sera l'objet de la 6e leçon; par *entrer*, nous entendons *pratiquer*. Cette partie sera la plus longue du Cours; mais ce sera la plus agréable en même temps que la plus utile.

SIXIÈME LEÇON.

LOGIQUE DU TENEUR DE LIVRES.

La *logique*, en général, est la science qui apprend à penser juste et à raisonner des choses avec méthode et sûreté. Pour notre étude, nous la définirons : l'art de trouver infailliblement le débiteur et le créancier.

Semblables aux philosophes qui sont à la recherche de la vérité, nous procéderons par voie de *syllogismes*.

Le *syllogisme* est la forme de la démonstration logique; c'est un argument composé de trois propositions dont les deux premières étant une fois admises et incontestables, entraînent invinciblement la certitude de la troisième.

La première proposition du syllogisme s'appelle *majeure*. C'est ordinairement l'énonciation d'une vérité reconnue admise par tout le monde, nommée

5

axiôme, et si évidente qu'elle n'a pas besoin d'être démontrée, par exemple :
Le tout est plus grand que sa partie.

La seconde proposition du syllogisme est la *mineure.* C'est la proposition contestable qu'il faut prouver, si son admission est refusée. Elle s'exprime par le mot *or.* Par exemple :

OR, *l'Europe est une partie du globe.*

La troisième proposition est la *conséquence*, qui découle forcément de la majeure et de la mineure; elle s'annonce par *donc.* Par exemple :

DONC, *le globe est plus grand que l'Europe.*

Voici un autre syllogisme :

Majeure : Tout assassin volontaire mérite la mort.

Mineure : *Or,* Milon est assassin volontaire.

Conséquence : *Donc*, Milon mérite la mort.

En appliquant ces principes, qui n'ont rien d'abstrait, à la Tenue des livres, nous arrivons, comme on le voit, à être parfaitement sûrs de nos conséquences, et par suite, nous n'aurons à redouter aucune erreur en passant nos écritures.

Posons d'abord nos axiômes, que nous appellerons *aphorismes*, car l'aphorisme est l'axiôme doctrinal ; c'est la proposition posée comme vérité par le professeur.

Aphorismes du Teneur de livres.

1. Il n'y a pas de débiteur sans créancier.
2. Il n'y a pas de créancier sans débiteur.
3. Le débiteur est celui qui reçoit.
4. Le créancier est celui qui donne.
5. Le débiteur s'énonce le premier.
6. Le compte qui reçoit doit au compte qui donne.
7. Toute écriture qui ne change pas le chiffre d'un compte est inutile.
8. Un compte général est le négociant lui-même.
9. Le débit et le crédit d'un article sont égaux entre eux.

Aphorismes particuliers au compte PERTES ET PROFITS.

10. Les articles de PERTES ET PROFITS se raisonnent à l'inverse de tous

les autres comptes. En consèquence : *Le débiteur est celui qui donne. — Le créancier est celui qui reçoit.*

11. Donner, c'est perdre.

12. Recevoir, c'est gagner.

Gravons ces aphorismes dans notre mémoire.

Série de Syllogismes.

I.

ARTICLE DE BROUILLARD. — *Expédié à* MARION, *divers articles détaillés au journal de ventes, f° 4, valeur à 6 mois* . . . . **402 f.**

Le DÉBITEUR S'ÉNONÇANT LE PREMIER (5° aphorisme), cherchons d'abord le débiteur. Nous établirons notre syllogisme en disant :

Majeure. — LE DÉBITEUR EST CELUI QUI REÇOIT (3° aphorisme).

Mineure. — OR, Marion reçoit.

Consèquence. — DONC, Marion est le débiteur.

Nous inscrirons sur notre *journal général* :

Marion doit.

Cherchons le crèancier.

Syllogisme.

Majeure. — LE CRÉANCIER EST CELUI QUI DONNE (4° aphorisme).

Mineure. — OR, *marchandises générales* donne.

Consèquence. — DONC, *marchandises générales* est créancier.

NOTA. Ces mots *marchandises générales est créancier* sont un ellipse de cette phrase : LE COMPTE de *marchandises générales est créancier.*

Mais un chicaneur peut nier votre proposition mineure et vous dire que ce n'est pas le compte général de marchandises qui est crèancier, mais le né-gociant lui-même. Vous prouverez alors votre *mineure* par de nouveaux syllogismes.

Premier Syllogisme.

Majeure. — Un compte général est le négociant lui-même (8° aphorisme).

Mineure. — OR, de votre aveu, le négociant donne dans le cas présent.

Consèquence. — DONC, un compte général donne dans le cas présent.

Deuxième Syllogisme.

Majeure. — Un compte général donne dans le cas présent.

Mineure. — Or , ce compte est *marchandises générales*.

Conséquence. — Donc (dans le cas présent), *marchandises générales* donne.

Votre mineure étant évidente, on ne peut rien vous répliquer. Votre conséquence : Donc, *marchandises générales est créancier* est dès lors inattaquable, et vous achevez votre article en écrivant :

A MARCHANDISES GÉNÉRALES.

Dans la ligne au-dessous , vous inscrivez l'objet de l'écriture , de sorte que votre article présente cette rédaction au *journal général* :

MARION à MARCHANDISES GÉNÉRALES.

Pour notre facture de ce jour, suivant détail au *journal de ventes*, f° 4. 402 f.

Vous transportez alors du journal général au grand livre, d'abord au débit de Marion, 402 fr., en mettant sur le grand livre *à marchandises générales*, *notre facture valeur à 6 mois*, ensuite au crédit de marchandises générales , en inscrivant *par Marion*. Ce soin de désigner en une ligne l'objet de l'article, indique au débit le compte qui donne et quand la marchandise est payable, et au crédit, quel est le compte qui reçoit.

Voilà toute la besogne.

Mais on conviendra qu'il serait trop long de faire quatre syllogismes pour arriver à poser les conséquences qui font reconnaître le débiteur et le créancier. Aussi ne donné-je cette indication que pour les commençants et pour les cas seulement où une écriture offre quelque difficulté. Quand ce cas se présente, il faut toujours raisonner logiquement, et l'erreur est impossible.

II.

ARTICLE DE BROUILLARD. — Reçu de MARION, en espèces pour notre facture . . . . 402 f.

Cherchons le débiteur.

Majeure. — *Le débiteur est celui qui reçoit.*

Mineure. — Or , *caisse reçoit.*

Conséquence. — Donc , *caisse doit.*

Inscrivons : *Caisse doit.*

Cherchons le créancier.

Majeure. — *Le créancier est celui qui donne.*

Mineure. — Or, MARION donne.

Conséquence. — Donc , Marion est créancier.

Achevons notre article en inscrivant : *à Marion.*

Posons l'objet de l'article dans la ligne au-dessous, et nous lirons au journal général :

Caisse (1) à MARION.

Espèces reçues de Marion, pour solde. . . . . 402 f.

Rapportons au grand livre, et n'oublions pas de mettre au compte de caisse : (1) *à Marion, pour solde*, et au compte de Marion : (2) *par caisse.*

III.

Pour remplacer avantageusement le syllogisme, l'élève peut se poser à lui-même deux simples questions, l'une pour trouver le débiteur, et l'autre pour connaître le créancier. Par exemple, il dirait dans le premier cas que nous venons de voir :

Qui reçoit ? — Marion.

Qui donne ? — Marchandises.

Donc, *Marion à marchandises.*

Mais il arrive, surtout dans les commencements, que les comptes généraux embarrassent l'élève. Il ne sait auquel s'adresser pour tomber juste. Il doit alors répondre aux questions *qui reçoit? qui donne?* par le nom du négociant dont il tient les livres, et ajouter cette autre question : *représenté par quoi ?* Il tire alors sa conséquence en toute sûreté.

Prenons pour exemple le second cas, celui où Marion paie sa facture, et supposons que le fournisseur de Marion s'appelle COLNET. Nous dirons :

Qui reçoit ? — *Réponse* : Colnet.

Représenté par quoi ? — *Réponse* : Par de l'argent, par la CAISSE.

Qui donne? — *Réponse* : Marion.

Donc : *Caisse à Marion.*

On comprend facilement cette question secondaire, *représenté par quoi?* Puisque Colnet n'a pas de compte sous son nom, mais qu'il est représenté par les quatre comptes généraux de son commerce, il faut voir quel est celui de ces comptes qui le représente en tel ou tel cas. Par la question : *représenté par quoi?* l'embarras disparaît.

(1) Sous entendu, *doit à*, c'est encore une ellipse.
(2) Sous-entendu, *dû*, ce qui fait, *dû par caisse.*

Appliquons à de nouveaux articles le questionnaire du Teneur de livres de Colnet.

1.

ARTICLE DE BROUILLARD. — Envoyé à Pascal de Bordeaux, ma traite n. 10, sur la même ville. . . . . 1,000 f.

Qui reçoit? — *Réponse*. Pascal.

Qui donne? — *Réponse*. Colnet.

Colnet n'a pas de compte.

Représenté par quoi? — *Réponse*. Par une traite.

Donc, PASCAL à *traites et remises*.

Ma traite n. 10 sur Bordeaux. . . . . 1,000 f.

2.

ARTICLE DE BROUILLARD. — Reçu de PASCAL de Bordeaux, par l'entremise de M. BOUVARD, une somme de . . . . 1,000 f.

Qui reçoit? — *Réponse*. Colnet.

Représenté par quoi ? — *Réponse*. Par de l'argent.

Qui donne? — *Réponse*. Pascal.

Donc, caisse à PASCAL.

3.

ARTICLE DE BROUILLARD. — Reçu d'ANDRÈNE de Marseille, dix caisses de savon . . . . 500 f.

Qui reçoit? — *Réponse*. Colnet.

Représenté par quoi? — *Réponse*. Par des marchandises.

Qui donne? — *Réponse*. Andrène.

Donc, *Marchandises générales* à ANDRÈNE.

IV.

Tous les articles que nous venons de voir renferment des écritures simples, mais souvent les écritures sont composées, c'est-à-dire que le même article d'un compte au débit peut être appliqué à deux comptes au crédit, *et vice versa*. Lorsque cela a lieu, on peut partager son article et en faire deux, et c'est la méthode que je conseille à l'élève et aux jeunes Teneurs de livres, qui ont alors à rapporter quatre sommes au grand livre; mais on peut aussi conserver l'unité dans l'article, et c'est ce que font les bons praticiens, qui n'ont par ce moyen que trois sommes à rapporter.

Premier exemple. — *Maison* HAVARD, ET Cie.

ARTICLE DE BROUILLARD. — Expédié à VARINAY de Rouen, une balle de
librairie . . . . 400 f. ⎫
Une traite à recouvrer sur Rouen, n. 201 522   ⎬ 922 fr.
                                                         ⎭

Raisonnement.

Qui reçoit ? — *Réponse.* Varinay, 922 f.

Qui donne ? — *Réponse.* Havard et Cie.

Représentés par quoi? — *Réponse.* 1° Par des marchandises, 400 f.;

2° Par une traite 522

RÉDACTION. — *Première méthode.*

Donc : VARINAY à *marchandises générales.* . . . . 400 f.

Donc : VARINAY à *traites et remises* . . . . , ... 522

Rapporter : 1° Au débit de Varinay. . . . 400 f. (par *march. générales*);

2° Au crédit de *march. génér.*. 400 (par Varinay);

3° Au débit de Varinay. . . . 522 (par *traites et remises*);

4° Au crédit de *traites et remis.* 522 (par Varinay).

Deuxième méthode.

Donc : VARINAY aux suivants. . . . . 922 f.

A *marchandises générales* . . . . . . 400 f.

A *traites et remises* 522

Rapporter : 1° Au débit de Varinay. . . . . 922 (par divers);

2° Au crédit de *marchandises générales.* 400 (par Varinay) :

3° Au crédit de *traites et remises.* . . . 522 (par Varinay).

Deuxième exemple. — *Maison* ROTHANE FRÈRES.

ARTICLE DE BROUILLARD. — Reçu de CAVALLO de Milan.

Espèces par la diligence. . . . . 5,000 f.

Traite à vue, n. 112, sur Lyon 1,050

Raisonnement.

Qui reçoit ? — *Réponse.* Rothane frères.

Représentés par quoi? — *Réponse.* 1° Par de l'argent . . . 5,000 f.

2° Par une traite de . . 1,050

Qui donne ? — *Réponse.* Cavallo.

Rédaction. — *Première méthode.*

Donc : *Caisse* à Cavallo . . . . 5,000 f. ⎫
Donc : *Traites et remises* à Cavallo . . . . 1,050 ⎬ 6,050 f.
Quatre rapports.

Deuxième méthode.

Donc : Les suivants, à Cavallo . . . . 6,050 f.
    Caisse. . . . . 5,000 f.
    Marchandises générales. . . . 1,050
Trois rapports.

On voit que la deuxième méthode économise un rapport au grand livre.

V.

Nous avons vu par le dixième aphorisme que *les articles du compte* PERTES ET PROFITS *se raisonnent à l'inverse de tous les autres comptes.* Nous allons, sans entrer dans aucun détail de théorie, voir consacrer cet axiôme par la pratique.

Paul nous doit 105 fr. Il nous paie 100 fr. et nous retient 5 fr. pour escompte. Voilà une perte de 5 fr. Comment passer cet article ? Dirons-nous, pour trouver le débiteur :

Le débiteur est celui qui reçoit.

Or, nous recevons 5 fr.

Donc, nous devons 5 fr.

La mineure est évidemment fausse, puisque au lieu de recevoir 5 fr. nous les perdons.

Dirons-nous, pour trouver le créancier :

Le créancier est celui qui donne.

Or, Paul nous donne 5 fr.

Donc, Paul est créancier de 5 fr.

Voilà encore une mineure absurde, car Paul, loin de nous donner 5 fr., les garde pour lui.

Il faut donc, ensuite du précepte contenu dans l'aphorisme, renverser les propositions majeures et dire, pour trouver le débiteur :

LE DÉBITEUR EST CELUI QUI DONNE.

Et pour trouver le créancier :

LE CRÉANCIER EST CELUI QUI REÇOIT.

Au moyen de ce renversement de proposition, nous allons procéder logiquement :

Majeure : Le débiteur est celui qui donne.
Mineure : OR, nous donnons 5 fr.
Conséquence : DONC, nous devons 5 fr.

Preuve de la mineure :

Majeure. — Donner c'est perdre (11ᵉ aphorisme).
Mineure. — OR, nous perdons 5 fr.
Conséquence. — DONC, nous donnons 5 fr.

Nous ajouterons, pour trouver le créancier :

Majeure. — Le créancier est celui qui reçoit.
Mineure. — OR, Paul reçoit 5 fr.
Conséquence. — DONC, Paul est créancier de 5 fr.

Prouvons la mineure :

Majeure. — Recevoir c'est gagner (12ᵉ aphorisme).
Mineure. — OR, Paul gagne 5 fr.
Conséquence. — DONC, Paul reçoit 5 fr.

Puisque nous renversons les aphorismes, nous devons donner un autre sens au questionnaire. On commencera donc par dire :

Qui donne (ou perd)? — *Réponse.* Nous.
Représentés par quoi ? — *Réponse.* Par une perte de 5 fr.
Qui reçoit (ou gagne)? — *Réponse.* Paul.
DONC, *pertes et profits* à Paul.

Rien ne prouve mieux que cette simple exposition la vérité de ce que j'ai avancé, en soutenant : 1° Que le compte de *pertes et profits* est une Tenue de livres à part, au milieu de la Tenue ordinaire; 2° que ce compte est le contrôleur de toutes les opérations des autres comptes. De là le nom de *partie double*, qui signifie *comptes tenus deux fois ou de deux manières opposées.*

Il ne nous reste qu'à appliquer cette théorie à des exemples.

1. — *Exemple d'écriture simple.*

Nous avons donné dans le courant de l'année 3,000 fr. pour les honoraires de Béraud notre Teneur de livres. L'époque de l'inventaire est arrivée, et le compte de Béraud doit être balancé, comme tous les autres. Nous le trouvons débiteur de ces 3,000 fr. qu'il ne doit pas. Nous allons les passer par pertes et profits.

Nous disons :

Qui reçoit? — *Réponse.* Personne.

Nous concluons qu'il y a perte pour quelqu'un. Nous ajoutons :

Qui perd (ou donne)? — *Réponse.* Nous.

Voilà le débiteur trouvé : *pertes et profits.*

Nous disons ensuite :

Qui donne? — *Réponse.* Personne.

Nous concluons qu'il y a profit pour quelqu'un. Nous nous en assurons en ajoutant :

Qui gagne (ou reçoit)? — *Réponse.* Béraud.

Voilà le créancier : Donc, *pertes et profits* à Béraud. . . . .   3,000 f.

On peut appliquer à cet article les syllogismes précédents, dont ce questionnaire n'est que le résumé.

2. — *Exemple d'écriture composée.*

Nous avons en portefeuille une *traite* de 1,010 fr. Nous la négocions contre 1,000 fr. d'argent, et nous faisons une *perte* de 10 fr.

Voici un cas où n'intervient aucun tiers; il est difficile pour un élève.

Qui reçoit? — *Réponse.* Nous, 1,010 fr.

Représentés par quoi ? — *Réponse.* Par de l'argent, 1,000 fr.

Qui reçoit les 10 autres francs. — *Réponse.* Personne. C'est une perte.

Ah! c'est une perte. Qui donne (ou perd)? — *Réponse.* Nous.

Représentés par quoi? — *Réponse.* Par une perte.

Voilà deux débiteurs : 1° *caisse* pour 1,000 fr.; 2° *pertes et profits* pour 10 f.

Qui donne? — *Réponse.* Nous.

Représentés par quoi ? — *Réponse.* Par une *traite* de 1,010 fr.

Traites et remises est seul créancier.

Donc, *caisse* à *traites et remises* . . . . 1,000 fr.

Donc, *pertes et profits* à *traites et remises* 10

Quatre rapports.

Ou mieux :

Les suivants à *traites et remises.* . . . . 1,010 fr.

    Caisse. Espèces reçues. . . . . 1,000 f.

    Pertes et profits. Perte à la négociation . 10

Trois rapports.

3. — *Autre exemple d'écriture composée.*

Pierre nous doit une facture de 500 fr., il ne peut nous payer au terme convenu. Il demande une prolongation de 6 mois, en s'offrant à payer l'intérêt à 6 p. 0/0 l'an, ce qui fait 15 fr. Il nous envoie son billet de 515 fr.

Qui reçoit ? — *Réponse.* Nous, 515 fr.

Représentés par quoi ? — *Réponse.* Par un billet.

Donc, *traites et remises* doit.

Qui donne ? — *Réponse.* Pierre, 515.

Donc, *traites et remises* à Pierre.

Mais où sont passés les 15 fr. d'intérêt ? Le compte de Pierre, débité de 500 fr. pour facture, crédité de 515 fr. pour paiement, va offrir une balance à son profit de 15 fr., qui pourtant ne lui sont pas dus. Il faut combler cette lacune. Il s'agit d'une perte pour Pierre et d'un profit pour nous. Renversons les questions.

Qui donne (ou perd) ? — *Réponse.* Pierre, 15 fr.

Donc, Pierre doit.

Qui reçoit (ou gagne) ? — *Réponse.* Nous, 15 fr.

Représentés par quoi ? — *Réponse.* Par un profit.

Donc, Pierre à *pertes et profits.*

On voit que cette écriture, quoique composée, doit contenir deux articles simples. Pourrait-on la rédiger ainsi ?

Les suivants à *traites et remises* . . . . 515 fr.

Pierre, son billet de 515 fr. pour. . . . . 500 fr.

Pertes et profits, intérêts sur ladite somme 15

Non. Cette manière ne serait pas bonne en ce cas, parce qu'elle ne représenterait pas les variations du compte de Pierre, qui nous ont fait gagner 15 fr. Omettre de faire figurer ces 15 fr. à son compte, ce serait transgresser le précepte contenu dans le 7° aphorisme : *toute écriture qui ne change pas le chiffre d'un compte est inutile*; car ici le chiffre du compte de Pierre doit être changé et présenter 515 fr. au lieu de 500.

4. — *Autre exemple d'écriture composée.*

Revel nous doit 5,002 fr. Il vient nous régler et nous apporte:

En espèces . . . . 2,000 fr.

Il nous donne une traite de 2,000

Il nous rend diverses marchandises pour 1,000

Il nous fait un petit rabais de. . . . . - 2

                                                    _____

                                                    5,002 fr.

Qui reçoit? — *Réponse.* Nous, 5,000 fr.

Représentés par quoi? — *Réponse.* 1° Par de l'argent . . . 2,000 fr.

2° Par une traite . . . 2,000

3° Par des marchandises. 1,000

Voilà 5,000 fr. !

Mais il y a 5,002 fr. Qui reçoit ces 2 fr.? — *Rép.* Personne, c'est un rabais.

Ah ! c'est un rabais, c'est-à-dire une perte.

Qui donne (ou perd)? — *Réponse.* Nous.

Représentés par quoi? — *Réponse.* Par une perte.

Donc, doivent : 1° *Caisse* . . . . 2,000 fr.

2° *Traites et remises* 2,000

3° *Marchandises générales* 1,000

4° *Pertes et profits.* 2

Qui donne? — *Réponse.* Revel, 5,002 fr.

Donc, les suivants à REVEL . . . . 5,002 fr.

Caisse, espèces reçues. . . . . 2,000 fr.

Traites et remises, traite de Revel 2,000

Marchandises générales, renvoi de marchandises. 1,000

Pertes et profits, rabais admis. 2

Cinq rapports.

Il y a peu d'écritures plus compliquées que celle-là, et pourtant, au moyen de nos questions, tout s'est présenté clairement.

Si malgré ces explications presque diffuses, l'élève n'a pas compris, il devra questionner son professeur pour le prier de lui expliquer ce qui serait obscur.

Je résume toute cette leçon.

1° Il faut d'abord chercher le débiteur, au moyen de la question *qui reçoit?* Si la réponse amène le nom du client pour la somme entière de l'article, on s'en tient là. Si elle amène le nom du commerçant dont on tient les livres, on ajoute : *représenté par quoi?* en d'autres termes : *que reçoit-on?* Si c'est de l'argent, *caisse doit;* si c'est un billet, une traite, un mandat, on débite *traites et remises;* si c'est une marchandise, *marchandises générales* en débite.

2° On cherche ensuite le créancier, en disant : *qui donne?* On peut de suite trouver le nom et la somme entière. Si le nom est celui du commerçant, on ajoute : *représenté par quoi?* ou *que donne-t-il?* La réponse guide pour le compte général.

Voilà pour les articles simples.

3° Quand aux questions *qui reçoit? qui donne?* les réponses n'amènent pas la somme entière énoncée par l'article, on conclut qu'il y a plusieurs débiteurs ou plusieurs créanciers. On répète alors les questions *qui reçoit? qui donne?* jusqu'à ce qu'on ait épuisé la somme qu'il faut passer. On parvient ainsi à trouver tous les débiteurs ou créanciers d'un compte.

Voilà pour les articles composés.

4° Quand la question : *qui reçoit?* amène pour réponse : *personne*, on conclut qu'il y a perte pour quelqu'un. On ajoute : *qui perd?* et la réponse indique le débiteur.

Quand la question : *qui donne?* amène pour réponse, *personne*, on conclut qu'il y a profit pour quelqu'un. On s'assure de la chose en disant : *qui gagne?* et la réponse nomme le créancier.

Cette dernière observation est extrêmement importante pour la pratique : car on voit qu'IL NE FAUT S'ÉCARTER DU QUESTIONNAIRE ORDINAIRE QUE LORSQUE LA RÉPONSE AMÈNE : PERSONNE; et qu'en conséquence, si la réponse nomme quelqu'un, on doit s'en tenir là.

EXERCICES. — Il est temps de mettre nos leçons en pratique. Dès ce moment, l'élève aura à travailler plus que le Professeur; sa besogne sera aussi plus agréable. Nous supposons que l'élève est Teneur de livres d'une maison de commerce qui se forme sous la raison sociale RICARD ET SUBRIL. Établissons les conventions de la société par le contrat suivant, que l'élève rédigera correctement.

Canevas.

Entre AMÉDÉE RICARD, rentier, demeurant à Lyon, rue des Capucins, n° 1, d'une part, et GUSTAVE SUBRIL, dessinateur de fabrique, demeurant également à Lyon, rue du Commerce, n° 14, d'autre part, il a été convenu ce qui suit :

ARTICLE PREMIER. Les deux soussignés forment par le présent acte une société qui a pour but le commerce de soieries en gros et en détail, et dont le siège sera à Lyon, dans le local qui sera ultérieurement choisi.

ART. 2. La raison sociale sera RICARD ET SUBRIL.

ART. 3. Attribution aux deux parties de la gérance de la société, ainsi que de la signature sociale dont ils ne pourront faire usage que dans les intérêts de la Société.

ART. 4. Durée de la Société : neuf ans, date du 1er janvier 1849.

ART. 5. Fonds de la Société : 300,000 francs, dont les deux tiers seront fournis par Amédée Ricard, et le tiers par Gustave Subril, sans intérêt ni réduction.

ART. 6. Indépendamment de ce fonds social, Amédée Ricard fournira à la Société 100,000 fr. en compte courant obligé portant intérêt à 4 p. 0/0 l'an; ce compte sera sans réduction, et balancé tous les six mois.

ART. 7. L'un des associés ne pourra avoir de compte courant libre que du consentement de l'autre associé.

ART. 8. Levée de chaque associé : 3,000 fr., payables par mois ou par trimestre.

ART. 9. Bénéfices et pertes par part égale.

ART. 10. En cas de perte sur les affaires de la première année, la Société sera dissoute.

ART. 11. En cas de décès de l'un des associés, ses héritiers ou ayant-droits seront tenus de s'en rapporter au dernier inventaire.

ART. 12. Les associés s'engagent, pour les points qui ne sont pas ici exprimés, à se conformer aux dispositions du Code de commerce , et à faire tenir régulièrement leurs livres en partie double.

Fait et signé à Lyon , le 31 décembre 1848.

NOTA. On peut faire des contrats de société beaucoup plus détaillés, en développant les dispositions réglementaires, en y insérant des dispositions administratives et pénales , et en prévoyant les cas de dissolution et de liquidation du commerce. Tout dépend des conventions des associés.

AVIS. Les leçons qui suivent renferment la partie pratique du Cours ; elles offrent à l'élève le *brouillard général*, c'est-à-dire le mouvement de *traites et remises*, le *journal de caisse*, le *journal de ventes*, et les opérations qui étant dues au mouvement de ces trois choses, amènent des chances heureuses ou malheureuses pour le négociant.

Chaque article du *brouillard* doit être rédigé par l'élève sur le *journal général* (voir le tome 2e), sous la forme particulière à la Tenue de livres en partie double. Après cette opération , l'élève rapportera au *grand livre*, dont tous les comptes sont ouverts, pour ménager son temps (voir le tome 3e). Au moyen du *répertoire*, il trouvera facilement les folios de chaque compte.

Quand l'élève trouvera au brouillard des traites et remises, il les notera au livre de *traites et remises* pour leur donner un numéro (voir à la fin du *grand livre*). Quand le commerçant souscrira un engagement le Teneur de livres le portera au *carnet d'échéances* (voir à la fin du journal).

Du reste, dans le commencement, l'élève trouvera des notes à la suite de chaque article du *brouillard*. Ces notes lui indiqueront sa besogne.

𝔅rouillard général.

R. ET S. [1]

№° 1. [2]

1849. [3]

(1) Lettres signifiant RICARD ET SUBRIL.

(2) Numéro d'ordre du Registre. Quand le *brouillard* sera écrit en entier, celui qui viendra ensuite sera le n° 2.

(3) Millésime. Si l'année commerciale n'a pas commencé avec l'année civile, c'est-à-dire au 1er janvier, on ajoute au millésime d'un registre l'année qui suivra ; par exemple, 1849-1850. — On prend la même précaution si le *brouillard* dure deux ans.

AVIS.

1° Chaque article du *brouillard* est numéroté. Le numéro doit être répété au commencement de l'article correspondant du *journal*, afin de faciliter les recherches et vérifications de l'un à l'autre.

2° En rapportant le *journal* au *grand livre*, on placera en marge de chaque article du *journal* deux numéros qu'on séparera par un trait $\left(\frac{1}{2}\right)$. Le numéro supérieur indiquera le folio du compte ouvert au *grand livre*, pour le débiteur, et le numéro inférieur indiquera le folio du compte qui sera crédité.

SEPTIÈME LEÇON.

BROUILLARD GÉNÉRAL.

Maison Ricard et Subril.

1849. Janvier. 2 (1).

N° 1. Reçu de notre sieur Ricard, à compte de sa mise de fonds :

En espèces d'argent, 20 sacs de 1,000 fr. . . .   20,000 fr.

En or, 500 pièces de 20 fr.   10,000

En billets de banque (2). . . . . · . . .   120,000

150,000 fr.

(1) Dans le commerce on suit, en posant une date, l'ordre suivant : 1° l'année, 2° le mois, 3° le quantième. C'est invariable.

(2) Ne confondez pas des billets de banque avec des traites ou remises. Les billets de banque s'acceptent comme argent monnoyé.

Passez cet article au journal. Qui reçoit ? — *Rép.* Ricard et Subril.

Quoi ? — *Rép.* De l'argent.

Qui donne ? — *Rép.* Ricard.

Donc, Caisse générale à Ricard (Compte de fonds).

Nota. Nous disons *compte de fonds.* Quand un associé ou toute autre personne a plusieurs comptes ouverts sur le grand livre, il ne faut jamais oublier de désigner sur le journal, celui de ces comptes auquel l'article est applicable.

Rapportez au grand livre : 1° au débit de caisse, 150,000 fr.

2° au crédit de Ricard la même somme.

Pour rapporter, consultez les modèles de comptes aux folios 53 et 54 du grand livre.

1849. Janvier. 2.

2. Reçu de notre sieur Ricard, à compte sur sa mise en compte obligé :

Cinquante billets de banque de 1,000 fr. . . . .   50,000 fr.

Passez au journal. — Qui reçoit ?..... Qui donne ?.....

Transportez au grand livre.

--- 1849. Janvier. 3. ---

3. Reçu de N/ S/ Subril le montant de sa mise de fonds,

Savoir : 10 sacs de 1,000 fr. . . . . 10,000 f.
            30 billets de banque de 1,000 fr. . . . 30,000 f. } 40,000 f.

Plus les traites suivantes que nous acceptons au pair (1).

N° 1, sur Lyon, au 15 courant. 10,000
N° 2, sur Lyon, au 31 courant. 25,000
N° 3, sur Marseille, à vue. 5,000   } 60,000
N° 4, sur Milan, au 28 février prochain 20,000

                                                          ————————
                                                          100,000 f.

(1) *Au pair* signifie *sans perdre*, comme *comptant*.
1° Passez au journal. Il y a deux débiteurs.
Qui reçoit ? — *Rép.* Caisse, 40,000 fr.
Qui reçoit encore ? — *Rép.* Traites et remises, 60,000 fr.
Qui donne ? — *Rép.* Subril (compte de fonds).
Donc, etc.
Il est bon que l'élève s'habitue de suite à passer les articles de la manière la plus courte. Ainsi, au lieu de dire ici :
             Caisse à Subril. . . . . 40,000 fr.
             Traites et remises à Subril . . . 60,000
    Il dira :
         Les suivants à Subril (compte de fonds). . . . . 100,000 fr.
             1° Caisse, son versement espèces . . . . 40,000 fr.
             2° Traites et remises. — Ses remises suivantes,
                 (Suivra le détail des remises). 60,000
Il fera de même pour tous les articles composés. Quand il trouvera deux ou plusieurs débiteurs et un seul créancier, il écrira, *les suivants à un tel.* Quand, au contraire, il rencontrera un débiteur et deux ou plusieurs créanciers, il rédigera, *Un tel aux suivants*, puis il donnera des détails. Ceci est dit pour n'y plus revenir.
2° Rapportez au grand livre. 3 rapports.
3° Notez au livre de traites et remises les quatre remises détaillées dans l'article.
4° Notez au carnet d'échéance les deux effets à recevoir sur Lyon.

--- 1849. Janvier. 5. ---

4. Reçu de N/ S/ Ricard le complément de sa mise de fonds social,
        En espèces et billets de banque. . . . . 50,000 f.

Article simple. Je répète pour la dernière fois le questionnaire des articles simples.
Qui reçoit ? — *Rép.* Ricard et Subril.
Quoi ? — *Rép.* De l'argent.
Qui donne ? — *Rép.* Ricard (compte de fonds).
Donc, Caisse à Ricard (compte de fonds).
Rapportez.

1849. Janvier. 6.

5.   Reçu de N/ S/ RICARD le complément de son compte obligé en sa promesse (n° 5), au 31 janvier courant, au pair . . . .   50,000 f.

Article simple.

Rédaction au journal. — Transport au grand livre. — Cet avertissement est aussi donné pour la dernière fois. L'élève saura qu'à chaque article il aura à faire cette double besogne.

Prenez note de la promesse au livre de traites et remises. Le brouillard ne porte pas de numéro ; ce sera à l'élève à donner à l'avenir le numéro à une remise, quand il l'inscrira au livre de traites et remises.

Prenez note de l'échéance de la promesse à recevoir sur Lyon.

1849. Janvier. 7.

6.   Changé 500 pièces d'or contre des écus, moyennant 15 c. de bénéfice sur chaque pièce d'or, soit 75 fr. que nous encaissons. . . .   75 f.

Qui reçoit? — *Rép.* Ricard et Subril.
Quoi? — *Rép.* De l'argent.
Qui donne? — *Rép.* Personne.
Recourez au questionnaire exceptionnel pour trouver le créancier.
Qui reçoit? *ou* qui gagne? — *Rép.* Ricard et Subril.
Représentés par quoi? — *Rép.* Par un profit.
Donc, Caisse à pertes et profits.

1849. Janvier. 8.

7.   Payé la facture du menuisier, pour agencements de magasin, 1,520 f.

Qui reçoit? — *Rép.* Le menuisier.
Mais le menuisier n'a pas de compte? — *Rép.* Alors personne.
Donc, il y a perte. Qui perd? *Rép.* Ricard et Subril.
Donc, pertes et profits doivent.
Qui donne? — *Rép.* Ricard et Subril.
Quoi? — *Rép.* De l'argent.
Donc, caisse est créancier.

1849. Janvier. 9.

8.   Payé la facture du peintre pour décoration du magasin. .   3,000 f.
Même raisonnement que pour l'article 7.

1849. Janvier. 10.

9.   Payé la facture du marchand de meubles, pour banques, bureaux, caisses, fauteuils, encriers, lampes, règles, etc. . . . . . .   4,000 f.

Il s'agit dans cet article de meubles et ustensiles de magasin qui ne sont pas une perte réelle, puisqu'on pourra plus tard en tirer quelque parti. On ouvrira donc un compte impersonnel intitulé : *meubles et ustensiles.*

Qui reçoit? — *Rép.* Meubles et ustensiles.
Qui donne ? — *Rép.* Caisse.
Donc, meubles et ustensiles à caisse.

───────────────── 1849. Janvier. 11. ─────────────

10.　Reçu les marchandises suivantes :

1° De M. Baudel, fabricant, suiv¹ sa fact., *liv. d'achats*, f° 1.				15,125 f.	» c.
2° De Mʳˢ Tavernier frères, id.	id.	id.	2.	12,201	30
3° De Mʳˢ Andret et Revel, id.	id.	id.	4.	18,302	05
4° De M. Bossange,	id.	id.	5.	1,062	»
5° De M. Jacques Caderon, id.	id.	id.	5.	20,631	»
6° De Mᵐᵉ veuve Doron,	id.	id.	7.	2,000	»
7° De Mʳˢ Duménil et fils,	id.	id.	10.	6,207	»
8° De Mʳˢ Brocard frères,	id.	id.	12.	30,201	35
9° De M. Costac neveu,	id.	id.	17.	2,132	10
10° De M. Chabrel,	id.	id.	18.	4,609	»
11° De M. Chanet,	id.	id.	20.	1,181	»
12° De M. Thérin,	id.	id.	23.	1,360	»
13° De M. Roche,	id.	id.	25.	3,402	»
14° De M. N. Gauthier,	id.	id.	29.	1,920	»
15° De M. Garon,	id.	id.	30.	814	»
16° De Mʳˢ Givillez frères,	id.	id.	31.	6,030	»
17° De M. Laurent,	id.	id.	33.	1,507	»
18° De M. Girardet,	id.	id.	34.	3,710	»
19° De Mᵐᵉ veuve Hénon,	id.	id.	35.	2,304	20
20° De Mˡˡᵉˢ Casanel sœurs, id.	id.	id.	37.	4,903	»

Qui reçoit?
Qui donne?
Donc, les suivants à marchandises générales. . . . .　139,602 fr.
Vingt articles pour les débiteurs.
Un seul article pour marchandises générales.
Prenez sur le grand livre la qualité de chaque fabricant, c'est-à-dire le genre d'étoffes qu'il fabrique, et vous l'indiquerez sur le journal général.

───────────────── 1849. Janvier. 12. ─────────────

11.　Remis à Glorian, notre voyageur, qui part ce jour :
1° Un carnet d'échantillons, *valeur pour mémoire.* . . . .　40 f.
2° Marchandises diverses pour échantillons, détaillées au

journal de ventes, folio 1 . . . . 1,200 f.

3° Espèces pour faire sa route 500

OBSERVATION. Le carnet d'échantillons n'a pas de valeur réelle. Les fabricants nous ont donné les échantillons, et les quarante francs sont dûs à l'ouvrier. Voilà pourquoi nous disons *valeur pour mémoire*. On le passera avec cette remarque au crédit de marchandises générales.

Qui reçoit? — *Rép.* Glorian.
Qui donne? — *Rép.* 1° Marchandises générales, deux choses;
                  2° Caisse.
Donc, Glorian aux suivants, etc.

——————————— 1849. Janvier. 13. ———————————

12.   Payé au cartonnier le prix de confection du carnet d'échantillon . . . . 40 f.

Qui reçoit? — *Rép.* Marchandises générales. (Voyez l'observation de l'art. 11.)
Qui donne? — *Rép.* Caisse.
Donc, etc.

——————————— 1849. Janvier. 14. ———————————

13.   Vendu à CONSTANT, négociant, 10 pièces foulards de poche, et trois douzaines de fichus, *journal de ventes*, f. 2 . . . . 276 f.

Article simple.
Constant n'aura pas de compte particulier, portez-le à *débiteurs divers* en le numérotant.

——————————— 1849. Janvier. 15. ———————————

14.   Payé la facture de M. BAUDEL, savoir:

Traite n. 1, au 15 courant, sur Lyon . . . 10,000 f. » c.
Espèces 2,856 25
Escompte à 15 p. 0/0, sur 15,125 f. . . . . 2,268 75   15,125 f.

Article composé. — Qui reçoit? — *Rép.* Baudel, 1° Une traite, 10,000 f.
                            2° Des espèces, 2,856 25 c.
Il y a dans l'article 15,125 fr. Qui reçoit le reste? — *Rép.* Personne.
Qui perd? — *Rép.* Baudel.
Voilà le débiteur du reste.
Qui donne? — *Rép.* 1° Traites et remises, 10,000 f.
               2° Caisse. . . . . . . 2,856 25 c.
Qui donne le reste? — *Rép.* Personne.
Qui gagne? — *Rép.* Nous.
Représentés par quoi? — *Rép.* Par un profit.
Pertes et profits est le troisième créancier.
Donc, Baudel aux suivants, 15,125 f.

Un seul débiteur. Trois créanciers. Quatre rapports. Sortie du livre de traites et remises.

15. Payé la facture de MM. Andret et Revel, par

1° Notre remise n. 3, sur Marseille à vue.   5,000 f.   » c.

2° Notre versement en espèces. 11,470   »

3° Esc^te convenu et rabais pour appoint. . 1,832   05   18,302 f. 05 c.

Même raisonnement que pour l'article 14.

16. Payé la facture de MM. Brocard frères, par

1° Notre remise n. 2, sur Lyon, au 31 c^t. 25,000 f.   » c.

2° Notre payement en espèces.   671   »

3° Escompte de 15 p. 0/0 sur 30,201 f. 35 c. 4,530   35   30,201 f. 35 c.

Mêmes raisonnements que pour l'article 14.

17. Versé à Antoine Guérin oncle et neveu, banquiers de cette ville, en *compte courant* à 5 p. 0/0 *réciproques*, espèces . . . . . 100,000 f.

Article simple. Les mots soulignés recevront explication plus tard.

Voyez les modèles des comptes courants aux folios 55, 56 et 57 du grand livre, sans vous occuper maintenant des trois dernières colonnes à droite de chaque côté.

18. Payé une traite à vue de Laffitte et Murheim, banquiers, à Paris, que nous passons en compte courant à 4 p. 0/0 réciproques . . 100,000 f.

Prenez garde. La traite ici ne fait que l'office d'un reçu, d'une quittance. Les comptes de l'article sont : caisse et Laffitte et Murheim. Il ne doit pas être question de traites et remises.

Article simple.

19 et 20. Payé les factures de nos autres fabricants, savoir :

1° A Tavernier frères. Espèces. . . . . . 9,670 f.   » c.

Escompte convenu. 2,531   30   12,201 f. 30 c.

2° A Bossange. Espèces. 1,000   »

Escompte convenu.   62   »   1,062   »

3° A Jacques Caderon. Espèces. 17,535   »

Escompte. 3,096   »   20,631   »

A reporter. 33,894   30

			Report.	33,894 f. 30 c.	
4° A veuve DORON ,	Espèces.	1,650	»		
	Escompte.	350	»	2,000	»
5° A DUMÉNIL ET Cⁱᵉ,	Espèces.	5,275	»		
	Escompte.	932	»	6,207	»
6° A COSTAC NEVEU ,	Espèces.	1,810	»		
	Escompte.	322	10	2,132	10
7° A CHABREL,	Espèces.	3,917	»		
	Escompte.	692	»	4,609	»
8° A CHANET,	Espèces.	1,003	»		
	Escompte.	178	»	1,181	»
9° A THÉRIN ,	Espèces.	988	»		
	Escompte.	372	»	1,360	»
10° A ROCHE,	Espèces.	3,000	»		
	Escompte convenu.	402	»	3,402	»
11° A Nicolas GAUTHIER,	Espèces.	1,800	»		
	Escompte convenu.	120	»	1,920	»
12° A GARON,	Espèces.	700	»		
	Escompte.	114	»	814	»
13° A GUILLET FRÈRES ,	Espèces.	6,000	»		
	Escompte.	30	»	6,030	»
14° A LAURENT,	Espèces.	1,200	»		
	Escompte.	307	»	1,507	»
15° A GIRARDET,	Espèces.	3,150	»		
	Escompte.	560	»	3,710	»
16° A veuve HÉNON ,	Espèces.	2,000	»		
	Escompte.	304	20	2,304	20
17° A CASANEL SOEURS,	Espèces.	4,160	»		
	Escompte.	743	»	4,903	»

8

75,973 f. 60 c.

Chacun de ces 17 articles est composé et exigerait séparément trois rapports, soit 51 rapports. Comme les 17 écritures sont les mêmes, on ne fera qu'un rapport à caisse et un autre à pertes et profits, et l'on n'aura que 36 rapports.

Qui reçoit? — *Rép.* Les fabricants.
Donc, les fabricants sont débiteurs.
Qui donne? — *Rép.* Caisse.

      Donc, les suivants à Caisse. . . . . 64,858 fr.
      Détail.

Dix-sept rapports à divers, un rapport à caisse.

L'addition du brouillard est de 75,973 f. 60 c., et je n'ai au débit que 64,858 f. Qui doit encore cette différence de 11,115 f. 60 c.?

Qui reçoit? — *Rép.* Personne.
Donc, il y a perte. Qui perd? — *Rép.* Les fabricants.
Donc, les fabricants doivent.

Qui donne? — *Rép.* Personne.
Donc, il y a profit. Qui gagne? — *Rép.* Nous.
Donc, pertes et profits est créancier.

      Donc, les suivants à pertes et profits. . . . . . . 11,115 f. 60 c.
      Détail.

Dix-sept rapports à divers; un seul rapport à pertes et profits.

──────── **1849. Janvier. 21.** ────────

21. Expédié à DESROZET, marchand de nouveautés à Moulins, suivant commission de notre voyageur, un ballot et une caisse, notés au livre d'expédition, folio 1, contenant les marchandises détaillées au journal de ventes, folio 3, valeur à 6 mois . . . . 4,025 f.

Article simple. Ne répétez pas tout ce détail au journal. Une ligne suffit. Mettez-y les choses essentielles. Il serait bien que tous les articles de brouillard fussent libellés dans le plus grand détail. Nous abrégerons ordinairement.

──────── **1849. Janvier. 22.** ────────

22. Expédié à Mlle LAURENCIN, modiste à Nevers, divers articles commissionnés à notre voyageur, journal de ventes, folio 5, valeur à 3 mois . . . . 1,221 f. 40 c.

Article simple.

──────── **1849. Janvier. 25.** ────────

23. Expédié : 1° A PICARD, négociant à Bourges, un ballot de marchandises, journal de ventes, f. 6; valeur à 4 mois. 1,506 f. »
    2° A Mme veuve NIELLY, modiste à Orléans, une

caisse de soieries, livre de factures, folio 7, valeur à
60 jours. . . . .   2,145 f. »

Article double.

─────────────── 1849. Janvier. 25. ───────────────

24. Expédié à Mlle Openheim, modiste à Bâle (Suisse), une
balle soieries, étoffes unies, journal de ventes, folio 8;
valeur à 6 mois . . . .   2,026 f. »

Article simple.

─────────────── 1849. Janvier. 27. ───────────────

25. Expédié à Schmidt, marchand drapier à Genève (Suisse),
deux balles velours de toutes qualités, suivant facture au
journal de ventes, f. 9, valeur à 60 jours. . . . .   8,341 f. »

Article simple.

─────────────── 1849. Janvier. 28. ───────────────

26. Expédié à Demarre, Castel et Cie, marchands de
nouveautés, à Paris, six balles et deux caisses soieries, contenant les articles détaillés au journal de ventes, f. 10,
11, 12, valeur à 3 mois. . . . . 10,000 f.
    Plus, pour divers articles qui lui ont été
remis par Glorian notre voyageur   918   10,918 f. »

Article composé. Glorian a deux comptes, l'un d'honoraires, l'autre de voyage. Ce qu'il reçoit, ce
qu'on lui donne en route se passe par le dernier compte.

─────────────── 1849. Janvier. 30. ───────────────

27. Expédié à Glorian notre voyageur, une caisse contenant divers petits articles pour vente et échantillons de
voyage, suivant détail, journal de ventes, f. 13, 14, 15
et 16 . . . .   2,321 f. »

Article simple.

─────────────── 1849. Janvier. 31. ───────────────

28. Expédié à Mazaniello Sorelle, négociantes à Naples,
via del Corso, n. 30, une balle et une caisse soieries,
journal de ventes, f. 17 et 18, valeur à 3 mois. . . . .   3,466 f. »

Article simple.

29. Reçu pendant le mois de janvier, pour le montant des *ventes au comptant*, suivant détail au livre de ventes au comptant, f. 1 à 20. . . . . 15,500 f. »

Nous n'aurons pas de compte impersonnel ouvert à ventes au comptant. Passez par marchandises générales.

Article simple.

1849. Février. 1er.

30. Payé pendant le mois de janvier, suivant détail au carnet de menus frais, f. 1, 2, 3. . . . . 431 f. 10

Passez les menus frais par pertes et profits. — Les menus frais sont le chauffage, l'éclairage, les ports de lettres, factages, etc., etc.

Article simple.

1849. Février. 1er.

31. Payé aux suivants, pour le mois de janvier :

1. A N/ S/ Ricard, pour levée.	250 f.	» c.	
2. A N/ S/ Subril, pour levée	250	»	
3. A Dambulliant, caissier et teneur de livres.	250	»	
4. A Bérard, commis du bureau	100	»	
5. A Jean Garcet, emballeur	83	30	
6. A Péliot, commis du magasin	150	»	1,083 f. 30 c.

Balancez votre caisse du mois.

Quelques bons praticiens ont l'habitude de passer une écriture au journal pour rapporter à nouveau la balance des comptes ; ils diraient, par exemple, pour balancer la caisse : *Caisse compte nouveau à elle-même compte ancien*. Ces sortes d'écritures, ne changeant pas le chiffre d'un compte, sont inutiles (7e aphorisme).

Voyez aux folios 53 et 54 du grand livre, des modèles de comptes balancés.

HUITIÈME LEÇON.

SUITE DU BROUILLARD GÉNÉRAL.

———————— 1849. Février. 2. ————————

32. Encaissé la promesse n. 5, souscrite par N/ S/ RICARD. 50,000 f. ɪ
Article simple.

———————— 1849. Février. 2. ————————

33. Nous faisons nos traites du mois de janvier pour les
mettre en portefeuille, savoir :

N° Traite au 25 mars prochain, sur veuve Nielly,
à Orléans. . . . . 2,145 f. » c.

N° Traite au 25 avril prochain, sur D^{lle} Laurencin, à Nevers 1,221 40

N° Traite au 25 mai prochain, sur Picard, à Bourges. 1,506 »

N° Traite au 25 mai prochain, sur Demarre, Castel
et Cie, à Paris. . . . . 10,918 »

N° Traite au 25 juillet prochain, sur Desrozet, à
Moulins. . . . . 4,025 »

Qui reçoit? — *Rép.* Le portefeuille, c'est-à-dire, traites et remises.
Qui donne? — *Rép.* Diverses personnes.
Donc, traites et remises aux suivants.
Détail.
Un rapport à traites et remises. Cinq rapports à divers.

———————— 1849. Février. 5. ————————

34. Expédié :

1° Le 1er courant, à Mlle FABRIEN DE L'ECLUSE, à Paris,
trois balles soieries, facture au journal de ventes, f. 17 à 19,
valeur à 3 mois. . . . . 15,604 f. 25 c.

2° Le 1er courant, à PIZZICOLI, de Florence, une balle
soieries, journal de ventes, f. 20, valeur à 4 mois 2,213 40

3° Le 2 courant, à PICARD ET DUVRET de Paris, 2 caisses
menus articles de printemps, journal de ventes, f. 21 et 22
valeur à 3 mois. . . . . 6,315 »

4° Le 2 courant, à Duval, à Constantinople, 3 caisses et 4 balles marchandises de toutes qualités, facture au journal de ventes, f. 23 à 26, valeur à 4 et 6 mois . . . .   23,209 f. 30 c.

5° Le 3 courant, à Favier de Lille, une caisse, journal de ventes, f. 27, valeur à 3 mois   644   05

6° Le 4 courant, à Bernard d'Amiens, une balle velours et articles unis, journal de ventes, f. 28, valeur à 4 et 6 mois   4,541   »

7° Ce jour, à Palmeston et Cⁱᵉ de Londres, six balles divers articles, journal de ventes, f. 29 et 30, val. à 30 jours.   12,432   30

Article composé. — Qui reçoit? Divers. Qui donne? Marchandises générales. Donc, etc.
Sept rapports à divers. Un rapport à marchandises générales.

L'élève comprendra pourquoi nous réunissons ainsi plusieurs articles ; c'est pour ne pas occasionner des rapports trop nombreux aux comptes généraux, qui à chaque article interviennent presque toujours. Dans une maison de commerce on passe les écritures au jour le jour ; il est très-ordinaire, néanmoins, que le Teneur de livres réunisse tous les articles semblables pour n'en faire qu'un seul. Il faut alors apporter la plus grande attention à l'addition qui doit être portée en bloc au compte général, car les erreurs seraient longues à retrouver, lors de la balance générale.

Tous les cinq jours, nous passerons nos articles de vente ; les autres écritures viendront dans les intervalles.

————————————— 1849. Février. 7. —————————————

35, 36 et 37. Brocard frères et cousin, de Lyon, nous donnent facture des velours qu'ils nous ont fournis dans le mois de janvier, elle s'élève à . . . .   56,209 f.   »

Nous la réglons : 1° par notre traite
Nº   à vue, sur Laffite et Murheim, à Paris.   10,000 f.

2° Par nos billets à ordre,
Nº   payable au 28 courant   5,000
Nº   payable au 15 mars   25,000
3° Par notre paiement en espèces   7,777
4° Escompte en notre faveur   8,432   56,209   »

Voici une écriture compliquée. Dans tous les cas semblables, apportez la plus grande attention. Procédez avec méthode.

1° Vous avez à créditer Brocard frères et cousin par le débit de marchandises générales. C'est un article simple. (Nº 35).

2° Vous avez à débiter Brocard frères et cousin par traites et remises, pour deux billets et une traite, par caisse, pour l'argent qu'ils reçoivent, et par pertes et profits pour escompte. C'est un article composé. (No 36).

3o Vous devez considérer comme payée la traite tirée sur Laffite et Murheim, et les en créditer par le débit de traites et remises. Article simple. (No 37).

4o Vous avez à numéroter vos effets et à les noter au livre de traites et remises.

5o Vous devez porter au carnet d'échéances les billets souscrits. Je pense que déjà vous avez noté à ce carnet, en temps convenable, les effets à recevoir sur place. Vérifiez, car je ne vous avais pas prévenu, et si vous aviez oublié, réparez cette omission.

1849. Février. 10.

38. Expédié :

1° Le 6 courant, à VISMARA, à Milan, une balle velours et étoffes unies, fact. journ. de ventes, f. 31, val. à 3 mois.   2,134 f. » c.

2° Le 7 courant, à EVRARD, de Nantes, une caisse et un ballotin, journal de ventes, folio 32, valeur à 4 mois. . .   822   »

3° Le 8 courant, à HENRI, à Tours, une caisse, journal de ventes, folio 33, valeur à 4 mois   618   »

4° Le 9 courant, à JACQUEMIN, de Nancy, un ballot et une caisse, journ. de ventes, f. 34 et 35, val. à 4 et 6 mois.   1,471   40

5° Ce jour, à KOLB, de Strasbourg, deux balles et trois caisses, journal de ventes, f. 36 et 37, val. à 4 et 6 mois.   3,634   40

Article simple à marchandises générales, quintuple à divers comptes.

1849. Février. 12.

39. Négocié notre remise sur Milan, n. 4, par l'entremise de Costelle, agent de change :

    Reçu, espèces 19,900

    Perte à la négociation et courtage. 100

Qui reçoit ? — *Rép.* Caisse, 19,900 f.

Qui reçoit les 100 autres francs ? — *Rép.* Personne.

Qui perd ? — *Rép.* Nous, 100 fr.

Deux débiteurs.

Qui donne ? — *Rép.* Traites et remises.

Donc, etc.

1849. Février. 15.

40. Expédié :

1° Le 11 courant, à LAMERTHIER, de Bordeaux, diverses marchandises, en une balle et une caisse, journal de ventes, f. 38, valeur à 4 mois . . . . 4,718 f. 50 c

2° Le 12 courant, à Mme MENON, à Toulouse, un ballot et une caisse, journ. de ventes, f. 39, valeur à 4 mois. . . — 2,239 — 15

3° Le 14 courant, à NALBAL, de Marseille, une caisse nouveautés, journal de ventes, f. 40, valeur à 3 mois . . — 1,241 — »

4° Le 15 courant, à PATRILLE, d'Avignon, une caisse nouveautés, journal de ventes, f. 41, valeur à 3 mois . . . — 719 — »

Article simple.

———————— 1849. Février. 17. ————————

41. Expédié à notre voyageur GLORIAN un group de 500 f. à Nîmes, par la diligence de Poulin. . . . . — 500 f. »

Payé pour le compte du même, à Hermann son tailleur, d'après son ordre, en compte d'honoraires. . . . . . . — 200 »

Article composé. N'oubliez pas que Glorian a deux comptes.

———————— 1849. Février. 20. ————————

41 bis. Expédié .

1° Le 17 courant, à QUOD, de Nîmes, un ballot soieries, contenant les marchandises détaillées, journal de ventes, folio 42, valeur à 3 mois . . . . — 416 »

2° Le 18 courant, à RAINEL, de Montpellier, une caisse nouveautés, journal de ventes, folio 43, valeur à 3 mois . — 530 »

Article simple.

NOTA. Il est inutile d'ouvrir un plus grand nombre de comptes. Nous nous en tiendrons à ceux qui ont été ouverts jusqu'ici.

———————— 1849. Février. 22. ————————

42. Payé au comptant diverses factures de petits fabricants, s'élevant ensemble, dans les mois de janvier et février jusqu'à ce jour, à. . . . . — 71,444 f. »

Article simple.

Les petits fabricants n'ayant pas de comptes, passez au débit de marchandises générales.

———————— 1849. Février. 25. ————————

43. Vendu, le 21 courant, à QUINDON, de Tarare, journal de ventes, folio 44 . . . . — 308 »

Vendu, le 21 courant, à VIOLARD, de Givors, journal de ventes, folio 45 . . . . — 203 »

Vendu, le 22 courant, à LAMENT, de St-Chamond, jour-
nal de ventes, folio 45 . . . .   101 f. »

Vendu, le 23 courant, à LEVRAT, de Villefranche, journal de ventes, folio 46   105   »

Vendu, le 24 courant, à AUDIBERT, de Rive-de-Gier,
journal de ventes, folio 47   220   »

Vendu, le 24 courant, à CALLOT, de Vienne, journal
de ventes, f. 48   210   »

Vendu, ce jour, à EUPHORDE, de Bourg, j. de v., f. 49.   146   »

Le tout convenu au comptant, payable à un et deux mois.

Tous ces messieurs n'ont pas de compte ; débitez-les par débiteurs divers. Voyez l'article 13.
Article simple. Deux rapports, dont l'un détaillé.

——————————— 1849. Février. 26. ———————————

44. Reçu de MM. ANTOINE GUÉRIN ONCLE ET NEVEU. Espèces.   10,000 f.   »
Article simple.

——————————— 1849. Février. 27. ———————————

45. Envoyé à MM. LAFFITTE ET MURHEIM, de Paris :

Nº   notre traite au 25 mars prochain, sur Orléans. .   2,145 f.   » c.

Nº   notre traite au 25 avril, sur Nevers.   1,221   40

Article simple.

——————————— 1849. Février. 28. ———————————

46. Vendu :

Le 27 courant, à CHAMBRAL, de St-Etienne, j. de v., f. 50.				207 f. 35 c.
Le 27	id.	à NÉRAL, de Roanne,	id.	50.	90 »
Le 27	id.	à PASQUIER, de Montbrison,	id.	51.	152 »
Le 27	id.	à RABION, de Bourgoin,	id.	52.	219 40
Le 28	id.	à PORTALLET, de Tournon,	id.	53.	325 »
Le 28	id.	à Eugénie LAMBRON, d'Annonay, id.		54.	281 25
Le 28	id.	à Marie NELDET, de Tarare,	id.	55.	135 »

Comme au numéro 13.

——————————— 1849. Février. 28. ———————————

47. Acquitté notre billet o BROCARD FRÈRES ET COUSIN. . .   5,000 f.   »

Qui reçoit? — Rép. Un inconnu porteur du billet.

Mais cet inconnu n'a pas de compte, comment a-t-il eu ce billet? — Rép. Par suite de notre engagement à Brocard frères et cousin.

9

Quel compte a fourni à Brocard frères et cousin? *Rép.* Traites et remises.

En l'absence du compte général, engagement de commerce que beaucoup de maisons ont encore, quoiqu'il ne soit qu'une subdivision de traites et remises, débitons ce dernier compte qui a été crédité. Qui donne? — *Rép.* Caisse.

Donc, traites et remises à caisse.

——————————— 1849. Février. 28. ———————————

48. Reçu pour ventes au comptant du mois de février. . 22,340 f. »

Article simple.

——————————— 1849. Février. 28. ———————————

49. Payé pour le mois de février, pour menus frais . . . 641 f. 30 c.

Article simple. Voir n. 30.

————————————————————————

Balancez votre caisse.

NEUVIÈME LEÇON.

SUITE DU BROUILLARD GÉNÉRAL.

——————————— 1849. Mars. 1er. ———————————

50. Nous faisons nos traites pour ventes du mois de février.

Nº Traite au 15 mai prochain, sur Mlle FABRIEN DE LÉCLUSE, à Paris.	15,604 f.	25 c.
Nº Traite au 15 mai prochain, sur PICARD ET DUVRET, de Paris.	6,315	»
Nº Traite au 15 mai prochain, sur FAVIER, de Lille. .	644	05
Nº Id. au 5 juin prochain, sur BERNARD, d'Amiens.	2,250	»
Nº Id. au 5 août prochain, id. id.	2,291	»
Nº Id. au 10 juin prochain, sur HENRI, de Tours. .	618	»
Nº Id. id. id. sur JACQUEMIN, de Nancy.	700	»
Nº Id. au 10 août prochain, id. id.	771	40
Nº Id. au 10 juin prochain, sur KOLB, à Strasbourg.	1,800	»
Nº Id. au 10 août prochain, id. id.	1,834	40
Nº Id. au 15 juin pr., s. LAMERTHIER, de Bordeaux.	4,718	50

N°	Id. au 15 juin pr., sur Mme Menon, de Toulouse.		2,239 f. 15 c.
N°	Id. au 15 mai proch., sur Nalbal, de Marseille.		1,241 »
N°	Id. au 15 mai proch., sur Patrille, d'Avignon.		719 »
	Id. au 20 mai prochain, sur Quod, de Nîmes.		416 »
N°	Id. au 20 mai pr., sur Rainel, de Montpellier.		530 »

Voir l'article 33.

————— 1849. Mars. 4. —————

51. Reçu les règlements suivants :

1° De Mlle Openheim, de Bâle,

N°   Son billet au 25 juillet 1849, payable à Lyon. . .   2,026 f. »

2° De Schmidt, de Genève,

N°   Traite au 31 mars 1849, sur Grenoble.   4,000 f.

N°   Id. au 1er avril 1849, sur Marseille.   1,521

N°   Id. au 3 avril 1849, sur Lyon . . .   2,820   8,341 »

3° De Mazaniello Sorelle, de Naples :

N°   Leur billet au 30 avril . . . .   3,466 »

Article composé.

————— 1849. Mars. 4. —————

52. Remis à Antoine Guérin oncle et neveu, de cette ville :

N°   Au 31 mars sur Grenoble . . . . . .   4,000 f.

N°   Au 1er avril, sur Marseille.   1,521   5,521 »

Article simple.

————— 1849. Mars. 5. —————

53. Expédié, le 4 courant, à Demarre, Castel et Cie, de Paris, trois balles et deux caisses nouveautés, journal de vente, f. 56, valeur à 3 mois. . . . .   9,980 f. »

Article simple.

————— 1849. Mars. 7. —————

54. Reçu de Palmeston et Cie, de Londres :

N°   Traite à vue, sur Bayonne . . . . . .   6,000 f.

N°   Traite au 27 courant, sur Nîmes . . .   4,000

N°   Traite au 31 courant, sur Toulon . . .   2,300   12,300 f. »

Ils nous font un rabais de 132 f. 30 c., nous l'admettons.   132   30

Article composé.

1849. Mars. 10.

55. Expédié à Kolb, de Strasbourg, un ballot, journal
de ventes, fol. 57, valeur à 3 mois. . . . .   998 f. »
Article simple.

1849. Mars. 12.

56. Reçu espèces des suivants :
1° De Néral, de Roanne. Solde . . . .   90 f. »
2° De Portallet, de Tournon. Solde . . . .   325 »
Article composé. A débiteurs divers.

1849. Mars. 15.

57. Expédié à Schmid, de Genève, 2 balles, journal de
ventes, f. 58, valeur à 2 mois. . . . .   4,201 f. »
Article simple.

1849. Mars. 15.

58. Acquitté notre billet o Brocard frères et cousin, au
15 courant. . . . .   25,000 f. »
Article simple. Voir numéro 47.

1849. Mars. 17.

59. Acquitté diverses factures de petits fabricants, du 22
février à ce jour . . . .   6,205 f. »
Voir l'article 42.

1849. Mars. 20.

60. Expédié à Picard et Duvret, de Paris, trois caisses
nouveautés, journal de ventes, f. 59, valeur à 3 mois. .   4,239 f. »
Article simple.

1849. Mars. 25.

61. Expédié à Mlle Fabrien de Lécluse, à Paris, quatre
caisses nouveautés d'été, j. de ventes, f. 60, val. à 3 mois.   7,900 f. »
Article simple.

1849. Mars. 26.

62. Remis à Antoine Guérin oncle et neveu, les traites suivantes :
N°   A vue, sur Bayonne. . . . . . .   6,000 f.
N°   Au 27 courant, sur Nîmes   4,000
N°   Au 31 courant, sur Toulon . . .   2,300   12,300 f. »
Article simple.

1849. Mars. 31.

63. Reçu pour les ventes au comptant du mois de mars. .   3,000 f. »

Article simple.

1849. Mars. 31.

64. Payé aux suivants :

1° A N/ S/ Ricard, compte de levées, 2 mois. . . . . .   500 f. » c.

2° A N/ S/ Subril, compte de levées, 2 mois.   500   »

3° A Dambulliant, caissier, 2 mois   500   »

4° A Bérard, commis, 2 mois.   200   »

5° A Péliot, commis, 2 mois   300   »

6° A Jean Garcet, emballeur, 2 mois   166   65

7° Pour menus frais de mars.   207   35

Article composé.

Balancez la caisse.

Avis. A dater de ce jour, je n'accompagnerai les articles d'aucune explication. L'élève doit s'apprendre à raisonner seul, en se guidant sur ce qu'il a déjà fait.

Quand un cas nouveau se présentera, j'en avertirai l'élève.

DIXIÈME LEÇON.

SUITE DU BROUILLARD GÉNÉRAL.

1849. Avril. 1er.

65. Mis en portefeuille, les traites suivantes, créées aujourd'hui :

N°   Traite au 5 juin prochain, sur Demarre, Castel et Cie, de Paris . . . .   9.980 f. »

N°   Traite au 25 juin prochain, sur Dlle Fabrien de Lécluse, à Paris. . . . .   7,900 f. »

N°   Traite au 20 juin prochain, sur Picard et Duvret, à Paris.   4,239   »

N°   au 10 juin prochain, sur Evrard, à Nantes . .   822   »

N°   au 10 juin prochain, sur Kolb, à Strasbourg. .   998   »

———————— 1848. Avril. 2. ————————

66.   Encaissé la traite n. 33, cédée par SCHMIDT, de Genève.   2,820 f.

———————— 1849. Avril. 5. ————————

67.   Expédié :

　　1° Le 2 courant, à VISMARA, de Milan, trois ballots et
une caisse, dont fact., jour. de ventes, f. 61, val. à 4 mois.   5,239 f. 05 c.

　　2° Le 3 courant, à PALMESTON ET Cᶦᵉ, de Londres, cinq
balles et deux caisses, dont fact., j. de v., f. 63, v. à 2 mois.   11,621   25

　　3° Le 4 courant, à FAVIER, à Lille, une balle et deux
caisses, dont fact., journ. de ventes, f. 65, val. à 4 mois.   4,748   70

———————— 1849. Avril. 6. ————————

68.   Reçu de SCHMIDT, de Genève :

N°	Sa remise au 30 avril proch., s. Lyon.	1,500 f.	
N°	Sa remise au 15 mai proch., s. Lyon.	1,500	
N°	Sa remise au 31 mai proch., sur Lyon.	1,200	
	Rabais	1	4,201 f. »

———————— 1849. Avril. 9. ————————

69 et 69 *bis*.   Reçu les règlements suivants :

　　1° De PIZZICOLI, de Florence :

| N° | Sa remise au 5 juin, sur Lyon. | 2,200 f. » c. | |
| | Rabais . . . . . . | 13   40 | 2,213 f. 40 c. |

　　2° De DUVAL, de Constantinople :

| N° | Sa remise au 31 mai, sur Paris. | 20,000 » | |
| N° | Sa remise au 15 juin, sur Lyon. | 3,000 » | 23,000 » |

　　3° De VISMARA, de Milan :

| N° | Sa remise au 10 mai, s. Lyon. | 2,125 » | |
| | Rabais . . . . | 9 » | 2,134 » |

———————— 1849. Avril. 10. ————————

70.   Expédié :

　　1° Le 7 courant, à BERNARD, à Amiens, une balle,
suivant fact. détaillée, jour. de ventes, f. 67, val. à 5 mois.   629 f. 65 c.

　　2° Le 8 courant, à EVRARD, de Nantes, 2 balles, journ.
de ventes, fol. 68, valeur à 4 mois.   1,244   55

3° Le 9 courant, à HENRI, à Tours, trois caisses, suivant facture, journ. de ventes, f. 70, val. a 4 mois. . . . . . 2,529 f. 10 c.

——————————— 1849. Avril. 11. ———————————

71. Négocié directement à DIMEL, banquier; par l'entremise de Costelle, agent de change, le billet n. 34, sur Naples. Reçu espèces . . . . 3,400 f. »
Perte à la négociation . . . . 66 »

——————————— 1848. Avril. 12. ———————————

72. Reçu de LAMENT, de St-Chamond, pour notre facture du 25 février passé . . . . 100 f. »
Rabais admis . . . . 1 »

——————————— 1849. Avril. 13. ———————————

73. Reçu de CALLOT, de Vienne, pour notre facture du 25 février passé . . . . 210 f. »

——————————— 1849. Avril. 15. ———————————

74. Expédié le 14 courant, à JACQUEMIN, de Nancy, deux balles et quatre caisses, suivant facture détaillée, journal de ventes, folio 72, valeur à 5 mois . . . . 8,437 f. »

——————————— 1849. Avril. 16. ———————————

75. Reçu de BAUDEL, de notre ville, diverses marchandises détaillées dans son relevé de factures jusqu'à ce jour suivant note au livre d'achats . . , ... 41,237 f. 10 c.

——————————— 1849. Avril. 17. ———————————

76. Reçu espèces d'ANTOINE GUÉRIN ONCLE ET NEVEUX, de cette ville . . . . 50,000 f. »

——————————— 1849. Avril. 20. ———————————

77. Expédié :
1° Le 16 courant, à LAMERTHIER, de Bordeaux, 2 caisses et 2 ballots, suivant facture au journ. de ventes, fol. 75, valeur à 4 mois. . . . . 6,520 f. 60 c.
2° Le 18 courant, à Mme MENON, à Toulouse, 4 caisses articles d'été, facture au journ. de ventes, f. 78, v. à 4 mois. 3,231 45

1849. Avril. 22.

78. Payé comptant les factures de nos petits fabricants, lesquelles s'élèvent ensemble à . . . . 51,206 f. »

1849. Avril. 24.

79. Reçu d'ANDRET ET REVEL, de notre ville, des articles façonnés, détaillés dans leur relevé de factures jusqu'à ce jour, suivant note au livre d'achats . . . . 64,221 f. 30 c.

1849. Avril. 25.

80. Expédié :

1° Le 22 courant, à NALBAL, à Marseille, une caisse suivant facture, journ. de ventes, f. 79, val. à 3 mois. . 1,632 f. 30 c.

2° Le 23 courant, à PATRILLE, d'Avignon, une caisse, journal de ventes, f. 80, valeur à 3 mois. 421 25

3° Le 25 courant, à QUOD, de Nîmes, un ballot et une caisse, suivant facture détaillée journ. de ventes, f. 81, valeur à 3 mois . . . . 903 »

1849. Avril. 27.

81. Reçu de GARON, de notre ville, différentes pièces de gazes d'or ou d'argent, détaillées dans sa facture générale inscrite au livre d'achats . . . . 1,809 f. »

1849. Avril. 30.

82. Expédié ce jour, à RAINEL, de Montpellier, une balle de velours soie et coton, suivant facture au journal de ventes, f. 82, val. à 3 mois. . . . . 1,422 f. 20 c.

1849. Avril. 30.

83. Reçu espèces, pendant le mois, p. ventes au comptant. 34,600 f. »

1849. Avril. 30.

84. Payé pendant le mois, pour menus frais. . . . . . . 802 f. 50 c.

Faites votre balance de caisse.

ONZIÈME LEÇON.

SUITE DU BROUILLARD GÉNÉRAL.

1849. Mai. 2.

85. Encaissé la traite n. 43, sur notre ville . . . .   1,500 f. »

1849. Mai. 2.

86. Mis en portefeuille les traites suivantes, créées aujourd'hui :

N°	au 5 août prochain, sur Favier, à Lille	4,748 f.	70 c.
N°	au 10 septembre proch., s. Bernard, à Amiens.	629	65
N°	au 10 août prochain, sur Evrard, à Nantes . .	1,244	55
N°	au 10 août prochain, sur Henri, à Tours . . .	2,529	10
N°	au 15 septembre pr., sur Jacquemin, à Nancy.	8,437	»
N°	au 20 août proch., sur Lamerthier, Bordeaux.	6,520	60
N°	au 20 août prochain, sur Mme Menon, Toulouse.	3,231	45
N°	au 25 juillet prochain, sur Nalbal, à Marseille.	1,632	30
N°	au 25 juillet prochain, sur Patrille, Avignon.	421	25
N°	au 25 juillet prochain, sur Quod, à Nîmes. . .	903	»
N°	au 25 juillet prochain, sur Rainel, Montpellier.	1,422	20

1849. Mai. 3.

87. Remis aujourd'hui :

1° A MM. Antoine Guérin oncle et neveu de cette ville :

Notre traite n. 26, au 15 mai, sur Marseille	1,241 f.	»
Id. n. 27, au 15 mai, sur Avignon	719	°
Id. n. 28, au 20 mai, sur Nîmes	416	»
Id. n. 29, au 20 mai, sur Montpellier	530	»

2° A Laffitte et Murheim, de Paris :

Notre traite n. 8, au 25 mai, sur Bourges	1,506	»
Id. n. 9, au 25 mai, sur Paris.	10,918	»
Id. n. 14, au 15 mai, sur Paris	15,604	25

Notre traite n. 15, au 15 mai, sur Paris . . . . 6,315 f. » c.

Id. n. 16, au 15 mai, sur Lille 644 05

Id. n. 17, au 5 juin, sur Amiens . . . . 2,250 »

Id. n. 38, au 25 juin, sur Paris. . . . . 9,980 »

Id. n. 47, au 31 mai, sur Paris . . . . 20,000 »

—————————— 1849. Mai. 5. ——————————

88. Expédié :

1° Le 2 courant, à Desrozet, à Moulins, trois ballots contenant les articles facturés, j. de v., f. 82, v. à 6 mois. 3,419 f. 50 c.

2° Le 2 courant, à D^{lle} Laurencin, de Nevers, les articles d'été, facturés journ. de ventes, f. 84, val. à 3 mois, en une caisse. . . . . 1,534 »

3° Le 3 courant, à Picard, de Bourges, deux caisses, suivant facture, journ. de ventes, f. 85, val. à 4 mois . . 1,781 85

4° Le 3 courant, à veuve Nielly, d'Orléans, 2 caisses, suivant facture, journ. de ventes, f. 87, val. à 60 jours. 1,947 »

—————————— 1849. Mai. 6. ——————————

89. Reçu de Vismara, de Milan, sa remise sur Lyon, au 15 août prochain. 5,200 f. »

Rabais en sa faveur . . . 39 05

—————————— 1849. Mai. 7. ——————————

90. Accepté une traite tirée sur nous par Laffitte et Murheim, payable le 31 courant . . . . 500 f. »

Observation. Dès que vous acceptez une traite, c'est comme si vous souscriviez un billet. Comportez-vous en conséquence : seulement, après avoir noté par un numéro l'acceptation au livre de traites et remises, notez sa sortie de suite.

—————————— 1849. Mai. 10. ——————————

91. Encaissé la traite n. 49, sur Lyon . . . . 2,125 »

—————————— 1849. Mai. 10. ——————————

92. Expédié aujourd'hui à Duval, de Constantinople, 6 balles et 6 caisses, articles divers, facturés, journal de ventes, f. 86, 87, et 88, val. à 4 et 6 mois, payables en papier sur France . . . . 62,241 f. 45 c.

75

———————————— 1849. Mai 11. ————————————

93. Reçu de Palmeston et Cⁱᵉ, de Londres, une traite à
vue, sur Marseille, de . . . . 11,500 f. »
       Rabais 121   25

———————————— 1849. Mai. 12. ————————————

94. Remis à Andret et Revel, de cette ville, pour solde
de leur facture générale :

1° Espèces. 10,000 f. » c.
2° Traite à 2 jours de vue, sur Laffitte et Murheim. . 20,000   »
3° Notre billet, fin mai courant 15,000   »
4° Notre billet, au 10 juin prochain. 9,588   »
  Nous faisons réduction, pour escompte, de. 9,633   30

Observation. — Vous créez par cet article une traite de 20,000 fr. sur Laffitte et Murheim, et vous
la remettez à l'instant en paiement. Il n'est pas nécessaire dès-lors de la porter au compte de traites
et remises puisqu'elle n'entre pas en portefeuille ; toutefois, il faut la numéroter ; passez-la directement au crédit de Laffitte et Murheim par le débit d'Andret et Revel, en lui donnant au compte
courant sa valeur d'échéance au 17 mai.

———————————— 1849. Mai. 15. ————————————

95. Reçu le montant de la traite sur Lyon, n. 44. . . . . 1,500 f. »

———————————— 1849. Mai. 15. ————————————

96. Expédié 1° Le 14 courant, à Dˡˡᵉ Openheim, à Bâle,
une caisse et un ballot, fact. au j. de v., f. 89, v. à 6 m. 2,239 f. »
   2° Le 15 courant, à Pizzicoli, de Florence, 2 caisses,
suivant détail, journ. de ventes, f. 90, valeur à 4 mois. 2,776   75

———————————— 1849. Mai. 17. ————————————

97. Réglé la facture générale de Baudel, de cette ville, par :

1° Notre traite à trois jours de vue, sur Laffitte et Murheim, de Paris . . . . 15,000 f. » c.
2° Notre billet, au 5 juin prochain. 15,000   »
3° Espèces comptées 5,050   »
4° Escompte 6,187   10

Voir le n. 94. — Valeur d'échéance de la traite au 22 mai.

———————————— 1849. Mai. 18. ————————————

98. Remboursé le billet de Mazaniello Sorelle, de Naples,
qui revient protesté, avec 29 f. 25 c. de frais. . . . . . 3,495 f. 25 c.

1849. Mai. 20.

99. Expédié à DEMARRE, CASTEL ET Cⁱᵉ, de Paris, huit
grosses balles, suiv. détail, j. de v., f. 90 et 91, v. à 3 m. 36,002 f. »

1849. Mai. 21.

100. Reçu d'ANTOINE GUÉRIN ONCLE ET NEVEU, notre traite
sur Patrille, d'Avignon, au 5 courant, revenue avec 2 f.
de frais . . . . 721 f. »

Valeur d'échéance 5 mai.

OBSERVATIONS. Pour procéder logiquement et classiquement dans ce cas (comme aux numéros 92 et 97), il faudrait faire intervenir le compte de traites et remises. Ainsi l'on dirait, *traites et remises à Antoine Guérin;* puis on ajouterait immédiatement, *Patrille à traites et remises.* Traites et remises n'est donc ici qu'un intermédiaire officieux que rejette le Teneur de livres exercé, par un procédé elliptique consistant à mettre en regard les deux comptes particuliers, sans surcharger inutilement le débit et le crédit d'un compte général d'une somme qui fait balance. On dira donc élégamment (car le Teneur de livres a son élégance, qui n'est autre chose que la briéveté), *Patrille à Ant. Guérin.* Il faut procéder de même dans tous les cas analogues.

1849. Mai. 22.

101. Payé à GARON le montant de ses fournitures . . . . . 1,537 f. »
               Escompte en notre faveur . . . . 272 »

1849. Mai. 25.

102. Expédié, le 24 courant, à PICARD ET DUVRET, de Paris,
deux balles suivant détail, j. de v., f. 92, val. à 3 mois. 4,550 f. »

1849. Mai. 30.

103. Expédié, le 29 courant, à Dˡˡᵉ FABRIEN DE L'ECLUSE,
à Paris, 4 caisses nouveautés, détail journ. de ventes, f. 93
et 94, valeur à 3 mois . . . . 6,631 f. 35 c.

1849. Mai. 31.

104. Reçu le montant de la traite n. 45, sur Lyon . . . . . 1,200 f. »

1849. Mai. 31.

105. Reçu pour ventes au comptant de ce mois . . . . . . 6,800 f. »

1849. Mai. 31.

106. Payé aujourd'hui :
  1° La traite o. LAFFITTE ET MURHEIM. . . . . 500 f. » c.
  2° Notre billet o. ANDRET ET REVEL . . . . 15,000 »
  3° Les menus frais de ce mois. 509 65

Pour la première écriture, voyez le n. 90.

Faites votre balance de caisse.

DOUZIÈME LEÇON.

—————————— 1849. Juin. 1ᵉʳ. ——————————

107. Glorian, notre voyageur, rentre aujourd'hui à Lyon.
Il a mis à faire sa tournée 141 jours, dont 62 pour séjour
à Paris.

Restent 79 jours de route, à 13 f. par j.	1,027 f. » c.	
62 jours à Paris, à 8 f. p. jour.	496 »	
Il a payé, pour port de marchandises et lettres	21 30	1,544 f. 30 c.

Nous le créditons par pertes et profits, de 1,544 f. 30 c.

—————————— 1849. Juin. 1ᵉʳ. ——————————

108 et 109. Nous avions expédié à GLORIAN pour 3,521 f.
de marchandises; sur cette somme, il en a vendu le 28
janvier 1849, pour 918 fr. à DEMARRE, CASTEL ET Cⁱᵉ, de
Paris. Le reste, soit 2,603 f. a été vendu au comptant par
lui, pour 2,661 f. Il nous remet en espèces. 1,800 f. » c.

Nous le créditons par le débit de son
compte d'honoraires de . . . . 316 70   2,116 f. 70 c.
et nous reportons à nouveau 40 f. pour le carnet d'échantillons. . . . .   40 »

OBSERVATIONS. On comprend qu'un brouillard ne donne pas ordinairement tous ces détails. On
arrête les sommes et on les passe sans explication. Mais je dis tout ceci pour aider à l'intelligence de
l'élève. Il ne fera que deux articles de ces notes; le premier (art. 108) sera simple. Il représentera,
par le débit de Glorian, le profit qu'il a fait sur les marchandises vendues. Le second article (109)
sera composé. Il énoncera trois débits, 1° à caisse; 2° à Glorian, compte d'honoraires; 3° à Glorian,
compte de voyages nouveau (pour *mémoire*, 40 f.)

—————————— 1849. Juin. 2. ——————————

110. Nous mettons en portefeuille nos traites sur France,
créées aujourd'hui sur les suivants, ensuite de nos ventes
de mai :

N°	au 5 novembre 1849, sur Desrozet, à Moulins.	3,419 f. 50 c.
N°	au 5 août 1849, sur D^lle Laurencin, à Nevers.	1,534 »
N°	au 5 septembre 1849, sur Picard, à Bourges.	1,781 85
N°	au 5 juillet 1849, sur veuve Nielly, à Orléans.	1,947 »
N°	au 20 août 1849, sur Demarre, Castel et Cie, de Paris.	36,002 »
N°	au 30 août 1849, sur D^lle Fabrien de l'Ecluse, de Paris.	6,631 · 35
N° .	au 25 août 1849, s. Picard et Duvret, de Paris.	4,550 »

———————— 1849. Juin. 3. ————————

111. Reçu espèces aujourd'hui :

1° De Constant, de St-Etienne	276 f. »
2° De Quindon, de Tarare	308 »
3° De Violard, de Givors	203 »
4° De Levrat, de Villefranche	105 »

———————— 1849. Juin. 5. ————————

112. Reçu de Chambral, de St-Etienne. Espèces	206 f. » c.
	Rabais	1 35

———————— 1849. Juin. 5. ————————

113. Acquitté notre billet o. Baudel . . . . 15,000 f. »

———————— 1849. Juin. 5. ————————

114. Encaissé la remise n. 46, de Pizzicoli, de Florence. 2,200 f. »

———————— 1849. Juin. 5. ————————

115. Vendu :

1° Le 4 courant, à Portallet, de Tournon, pour . .	405 f. »
2° Le 5 courant, à Quindon, de Tarare, pour	295 50

———————— 1849. Juin. 6. ————————

116. Négocié une traite créée ce jour sur Laffitte et Mu-rheim, de Paris, au 15 juin courant, de . . 50,000 f.

Reçu espèces.	49,937 f. 50 c.
Perte de négociation, à 1/8 pour 0/0 . . .	62 50

———————— 1849. Juin. 6. ————————

117. Acquitté les factures de divers petits fabricants. . . . 45,500 f. »

1849. Juin. 6.

118. Reçu espèces d'Antoine Guérin oncle et neveu, de

cette ville . . . . 20,000 f. »

1849. Juin. 6.

119. Remis ce jour :

1° A Laffitte et Murheim, de Paris.

N° 19, notre traite au 10 juin c¹, s. Tours . .			618 f. » c.	
N° 24,	id.	15	id.	Bordeaux. 4,718	50
N° 25,	id.	15	id.	Toulouse. 2,239	15
N° 39,	id.	25	id.	Paris. . . 7,900	»
N° 40,	id.	20	id.	Paris. . . 4,239	»
N° 41,	id.	10	id.	Nantes . . 822	» 20,536 f. 65 c.

2° A Antoine Guérin oncle et neveu, de cette ville.

N° 20, notre traite au 10 juin c¹, sur Nancy. . .   700 f.

N° 22,   id,   10   id.   Strasbourg . 1,800

N° 42,   id.   10   id.   Marseille . .   998

N° 63, remise à vue, sur Marseille. 11,500   14,998 f. »

La remise sur Marseille sera valeur au 10 juin.

1849. Juin. 10.

120. Expédié :

1° Le 7 courant, à Palmeston et Cⁱᵉ, de Londres, 2

caisses et 3 balles, suivant facture au journ. de ventes,

f. 95 et 96, valeur à 2 mois. . . . . 8,641 f. 60 c.

2° Le 9 courant, à Favier, de Lille, une balle velours,

journal de ventes, f. 97, valeur à 4 mois. 2,524   »

1849. Juin. 10.

121. Acquitté notre billet o. Andret et Revel . . . . . . 9,588 f. »

1849. Juin. 12.

122. Reçu de Demarre, Castel et Cⁱᵉ, de Paris :

N°   Son billet au 15 juillet prochain . . 10,000 f.

N°   Son billet au 31 juillet prochain . 10,000

N°   Son billet au 10 août prochain . . 10,000

N°   Son billet au 20 août prochain . . . 6,000   36,000 f. »

                  Rabais 2   2

123. Annuler notre traite n°   au 20 août, de . . . 36,002   »

———————————— 1849. Juin. 13. ————————————

124. Expédié :

   1° Le 12 courant, à Vismara, de Milan, une caisse
nouveautés, journal de ventes, f. 98, val. à 4 mois. . .   1,000 f. »

   2° Le 14 courant, à Bernard, à Amiens, un ballotin
étoffes unies, journal de ventes, f. 99, valeur à 5 mois.   509   »

———————————— 1849. Juin. 15. ————————————

125. Encaissé la remise n. 48, sur Lyon. . . . .   3,000 f. »

———————————— 1849. Juin. 17. ————————————

126. Reçu d'Antoine Guérin oncle et neveu, espèces . . .   25,000 f. »

———————————— 1849. Juin. 18. ————————————

127. Payé les factures de divers petits fabricants . . . . .   39,600 f. »

———————————— 1849. Juin. 20. ————————————

128. Expédié :

   1° Le 17 courant, à Henri, de Tours, une caisse nouveautés, journal de ventes, f° 100, val. à 4 mois . . . .   905 f. »

   2° Le 20 courant, à Jacquemin, de Nancy, une petite
caisse nouveautés, journ. de ventes, f. 101, val. à 5 mois.   614   »

———————————— 1849. Juin. 23. ————————————

129. Reçu de Laffitte et Murheim, de Paris, notre traite
sur Evrard, de Nantes, impayée. Capital . . .   822 f.
Le retour sera valeur à l'échéance. Frais de retour.   3   825 f. »

———————————— 1849. Juin. 25. ————————————

130. Expédié :

   1° Le 22 courant, à Kolb, de Strasbourg, une balle et
une caisse, journ. de ventes, f. 102 et 103, val. à 3 mois.   2,174 f. »

   2° Le 24 courant, à Quod, de Nîmes, un ballot étoffes
façonnées, journ. de ventes, f. 104, val. à   3,240   »

———————————— 1849. Juin. 30. ————————————

131. Expédié :

   A Rainel, de Montpellier, une caisse nouveautés, journal de ventes, f. 105, valeur à 3 mois. . . . .   862 f. »

—————— 1849. Juin. 30. ——————

132. Reçu pour ventes au comptant de juin. . . . . 2,921 f. 50 c.

—————— 1849. Juin. 30. ——————

1° A N/ S/ Ricard, compte de levées, pour 3 mois. . . .		750 f.	» c.
2° A N/ S/ Subril, compte de levées, pour 3 mois. . . .		750	»
3° A Dambulliant, caissier, 3 mois d'honoraires		750	»
4° A Bébard, commis de bureau, 3 mois d'honoraires. .		300	»
5° A Péliot, commis de magasin, id. id. . .		450	»
6° A Jean Garcet, emballeur, id. id. . .		250	05
7° A Glorian, voyageur, solde de ses appoint[ts] de 6 mois.		483	30
8° Pour loyer de six mois.		1,500	»
9° Pour frais de patentes, l'année.		301	45
10° Pour menus frais du mois		394	20

—————— 1849. Juin. 30. ——————

134. Reçu et admis les factures des fabricants ci-après :

1° De Tavernier frères, de cette ville.		15,608 f.	05 c.
2° De Jacques Caderon, id.		25,702	»
3° De Chabrel, id.		31,215	75
4° De Brocard frères et cousin, de cette ville.		9,722	75
5° De Chanet, de cette ville.		4,641	»
6° De Guillet frères, de cette ville.		10,710	»

Observation. Le mois de juillet étant la saison morte de notre partie, nous en profitons pour régler nos comptes et faire notre inventaire général qui doit avoir lieu tous les six mois. Nous soldons en conséquence tous nos comptes au 30 juin 1849, après avoir préalablement passé les articles suivants.

—————— 1849. Juin. 30. ——————

135 et 136. Réglé les intérêts du compte obligé de N/ S/ Ricard, à 4 p. 0/0 l'an, sur 100,000 f. Pour 6 mois. . . . 2,000 f. »
Nous lui comptons cette somme.

Vous voyez que vous avez deux articles simples à passer.

—————— 1849. Juin. 30. ——————

137. Le compte de meubles et ustensiles est soumis à une
dépréciation annuelle de 20 p. 0/0, jusqu'à ce qu'on soit
arrivé au quart de la valeur des meubles. Pour 6 mois,
10 p. 0/0, par pertes et profits . . . . 400 f. »

1849. Juin. 30.

138. Nous passons par pertes et profits les levées de N/ S/
Ricard et de N/ S/ Subril, et les honoraires de tous nos
employés. C'est :

1° Pour N/ S/ Ricard, à 3,000 fr. par an, 6 mois. . . .	1,500 f.	»
2° Pour N/ S/ Subril, id. id. id.	1,500	»
3° Pour Dambulliant, caissier, à 3,000 f. par an, 6 mois.	1,500	»
4° Pour Glorian, voyageur, à 2,000 f. id. id.	1,000	»
5° Pour Péliot, commis, à 1,800 f. id. id.	900	ı
6° Pour Bérard, commis, à 1,200 f. id. id.	600	»
7° Pour Jean Garcet, emballeur, à 1,000 f. id. id.	500	»

TREIZIÈME LEÇON.

DES COMPTES COURANTS.

Les comptes courants sont ceux qui portent intérêt. Les bases en sont arrêtées par avance entre négociants qui entrent en rapports.

Il y a plusieurs manières de dresser des comptes courants. Je ne parlerai que des deux plus commodes, laissant à part : 1° le méthode *par échelette*, qui n'est point en usage ; 2° la méthode par colonnes d'escompte, inventée par M. Dupuy, laquelle est trop longue et impraticable.

Observons que l'intérêt des capitaux entre négociants doit toujours être réciproque, c'est-à-dire, que si Pierre paie à Paul 6 p. 0/0 pour l'intérêt des sommes que le dernier fournit, Paul doit payer le même taux à Pierre quand celui-ci fait des avances de fonds. Consentir à payer 5 p. 0/0 et n'exiger que 4 p. 0/0 serait un métier de dupe, car les pièces de 5 francs d'un homme valent autant que celles d'un autre.

Les comptes courants sont réglés à neuf colonnes. On place :

Dans les deux premières à gauche, les francs et les centimes ;

Dans la troisième, les comptes correspondants ;

Dans la quatrième, l'énonciation sommaire de l'article du compte ;

Dans la cinquième, l'échéance de laquelle court l'intérêt;

Dans la sixième, le folio du journal;

Dans la septième, le folio du compte correspondant;

Dans la huitième, le nombre de jours qui séparent l'échéance de l'époque du règlement;

Enfin, dans la neuvième, le produit de la multiplication des sommes écrites aux deux premières colonnes par les jours inscrits dans la huitième. Le produit de cette multiplication s'appelle *nombre*.

L'on voit que la date se supprime; elle pourrait causer de la confusion. La date d'un article de compte courant est l'échéance; celle-ci est la seule importante à connaître.

Après cette explication, l'élève comprendra très-bien la raison des sept premières colonnes: car par le travail qu'il a fait jusqu'ici leur usage lui est déjà familier, mais pourquoi deux colonnes supplémentaires pour les jours et les nombres? Le voici:

L'opération par laquelle on cherche l'intérêt d'une somme pour un nombre de jours déterminé exige une multiplication et une division. La multiplication doit se faire par le nombre de jours qui existent entre l'échéance et le règlement. Or, les échéances étant variables, les jours le sont également. Il était donc aussi nécessaire d'établir une colonne pour les jours qu'une colonne pour les échéances. L'établissement d'une colonne de *nombres* a pour but de simplifier les opérations; si au lieu d'établir une colonne de *nombres*, l'on avait adopté une colonne d'intérêts, chaque somme aurait exigé, eu égard à son importance et au nombre de jours, un chiffre spécial, et l'on n'aurait pu se dispenser de la multiplication et de la division pour chaque article. Par la méthode des *nombres*, on ne fait que la multiplication à chaque article; on en pose le produit et l'on additionne tous ces *nombres produits*, pour ne faire sur le total qu'une seule division; de telle sorte qu'au lieu de faire, par exemple, sur un compte de cent articles, cent multiplications et cent divisions, c'est-à-dire deux cents opérations, on ne fait que cent multiplications et une seule division, ou cent-une opérations. L'économie de temps est évidente.

Mais on est allé plus loin. Les intérêts des comptes courants étant réciproques, se prélèvent sur le débit comme sur le crédit. On a imaginé de balancer entre eux les *nombres-produits*, comme on le fait pour les sommes des comptes ordinaires, et on n'opère la division que sur le chiffre de la *balance des nombres*. Par ce moyen, il n'y a qu'un seul chiffre d'intérêts qui prend place à la suite des sommes du capital, soit au débit, soit au crédit, suivant le cas.

Les comptes courants se règlent ordinairement tous les six mois, et le plus souvent même, tous les trois mois ; quelquefois aussi on les règle à époques indéterminées, suivant les exigences des correspondants. Lors même que l'époque de règlement serait fixée par avance à trois ou à six mois, il pourrait arriver qu'on fût obligé de déroger à la condition établie, par suite d'une mort, par exemple, ou d'une faillite. Il suit de là qu'on ne peut régler un compte courant que lorsque l'époque est arrivée ; il y a donc impossibilité de remplir les colonnes de jours et de nombres, avant de connaître l'époque de règlement, et par conséquent, on ne peut faire les multiplications de jours et de sommes au fur et à mesure de l'apport de chaque article, parce qu'on courrait le risque d'avoir à recommencer, en cas de changement d'époque, toutes ses opérations, ce qui ferait un horrible barbouillage.

L'époque du règlement étant arrivée, on fait les multiplications et on pose les nombres dans la colonne destinée à les recevoir. Mais il se rencontre souvent que l'échéance de certaines sommes dépasse l'époque du règlement. Comment faire alors pour avoir des nombres ? Calculera-t-on les jours depuis la date de la remise de la somme jusqu'à son échéance, sans avoir égard à l'époque du règlement ? Mais alors le compte n'est plus réglé à époque fixe, et l'on y fait entrer mal à propos des nombres qui ne doivent porter intérêt que plus tard. Rétrogradera-t-on jusqu'à l'époque du règlement pour calculer les intérêts ? Mais cela ne peut avoir lieu, parce qu'on ne doit l'intérêt d'une somme qu'à l'époque où l'on en jouit. Rejettera-t-on la somme à un autre règlement ? Mais on bouleverse tout un compte, et si les sommes étaient nombreuses, il faudrait avoir autant de comptes courants qu'il y a de mois dans une année ; encore cette méthode serait-elle impossible, puisqu'on peut convenir de l'époque d'un règlement au quart, au milieu et aux trois quarts du mois, en un mot, à tous les jours qui le composent. Il ne faut pas songer à tous ces moyens. Tel capitaliste a fourni en juin des valeurs qui ne viennent à échéance qu'en juillet ; il faut de toute nécessité qu'elles figurent dans les sommes de ses capitaux, il a le droit de l'exiger ; ne pas le satisfaire serait lui témoigner une injuste méfiance sur sa solvabilité, et il briserait tout rapport avec vous. Pour le contenter, voici comment s'y prend le Teneur de livres. Il inscrit en encre rouge le produit de la multiplication obtenu en calculant les jours depuis l'époque du règlement jusqu'à l'échéance des sommes; ces produits calculés par anticipation prennent le nom de *nombres rouges*. Ils se balancent entre eux avant les *nombres noirs* (écrits avec de l'encre noire), et la balance s'écrit en noir du côté convenable. On balance alors les nombres noirs, on fait la division, et l'intérêt étant obtenu, on le porte dans la colonne des capitaux. Mais si le crédit d'un compte offre un ou plusieurs nombres rouges et que le débit n'en ait point, on calcule l'intérêt sur ces nombres additionnés; le produit obtenu représente une somme due par celui qui a fourni trop tôt la valeur, et pour cette raison, on le débite par un article au journal. Lorsque le contraire a lieu, l'opération est inverse.

Ces explications sont peut-être difficiles à comprendre pour un élève; il doit les étudier, car ce système est fort ingénieux. Nous allons l'aider par des exemples.

Nous sommes banquiers et nous avons avec Louis un compte courant que nous devons régler au 30 juin, à 6 p. 0/0 d'intérêts réciproques. Louis nous a fourni, entre autres sommes, une valeur de 6,000 f. payable le 30 septembre, et de notre côté, nous lui avons donné en paiement une traite de 4,000 fr., payable le 31 juillet. Ces deux sommes ont pris rang dans notre compte courant. Il est évident, d'une part, que les 6,000 f. de Louis, payables au 30 septembre, ne doivent pas lui rapporter d'intérêts au 30 juin, et d'autre part, qu'à la même époque du 30 juin, nous ne pouvons exiger les intérêts de nos 4,000 fr., qui ne seront payés que le 31 juillet. Néanmoins, nous admettons en compte les capitaux de 6,000 f. et 4,000 f., et pour qu'il nous soit tenu compte des intérêts que nous avançons à Louis pour une plus forte somme et pour un plus grand nombre de jours, nous inscrivons, en réglant le 30 juin:

1° Au crédit de Louis :

	Jours.	Nombres rouges.	
6,000 f. valeur au 30 septembre . . .	92		552,000 n.
2° A son débit :			
4,000 f., valeur au 31 juillet.	31	124,000 n.	
Balance des nombres rouges. . . .		428,000	
		502,000 n.	552,000 n.

La balance des *nombres rouges* est de 428,000 nombres que Louis nous doit; nous l'écrirons en *nombres noirs* au débit de Louis, dans la colonne des nombres. Ces nombres représentent un intérêt de 71 f. 33 c. que Louis nous doit, puisque nous lui en faisons avance. C'est tout comme si nous lui escomptions, 1° au 30 juin, un effet de 2,000 f., payable le 31 juillet, et 2° au 31 juillet un effet de 6,000 f. payable le 30 septembre. Car

L'escompte à 6 p. 0/0, sur 2,000 f. pour 31 jours, donne. .   10 f. 33 c.

Et l'escompte à 6 p. 0/0, sur 4,000 f. pour 61 jours, donne. 61   »

Somme égale. . . . . . . 71 f. 33 c.

Ou bien encore, c'est tout comme si nous escomptions à Louis à 6 p. 0/0, le 30 juin, un effet de 6,000 f., payable le 30 septembre. Il nous devrait, pour 92 jours . . . . 92 f. »

Et s'il nous escomptait lui-même un effet de 4,000 f., au 31 juillet, nous lui devrions pour intérêts de 31 jours. 20 67

Resterait une somme égale de . . . . 71 f. 33 c.

On voit par ces deux preuves, que rien n'est plus juste que la méthode des nombres rouges.

Pour le cas où le débit ou le crédit d'un compte serait seul chargé de valeurs à échéance trop longue et dépassant l'époque du règlement, l'opération est plus simple. Nous supposons que Jean nous ait fourni un effet de 3,000 f. au 15 juillet, un autre de 5,000 f. au 5 août, et un troisième de 1,000 f., au 15 septembre. En réglant son compte le 30 juin, où nous verrions inscrits au *crédit* :

		Nombres rouges.
3,000 f., au 15 juillet; nous ajouterions :	15 jours. . .	45,000 n.
5,000 f., au 5 août; id.	36 jours. . .	180,000
1,000 f., au 15 septembre; id.	77 jours. . .	77,000

Total en nombres rouges . . . 302,000 n.

Ces nombres donnent, à 6 p. 0/0, un intérêt de 50 f. 33 c. que nous devrons porter *au débit* de Jean, précisément parce que les *nombres rouges* sont au crédit. Nous passerions alors au journal un article ainsi libellé :

JEAN (son compte courant) à pertes et profits :

Pour intérêts sur 302,000, nombres rouges . . . . 50 f. 33 c.

Nous opérerions d'une manière contraire si Jean nous devait lui-même les trois sommes désignées plus haut. Les sommes et les nombres seraient sur nos livres au *débit* du compte de Jean, et nous devrions porter à *son crédit* le produit des intérêts.

Mais nous pourrions nous dispenser de chercher l'intérêt sur les *nombres rouges*. Pour cela, après les avoir additionnés, nous les prendrions au *crédit* de Jean pour les transporter, en *nombres noirs* à son *débit*, ou bien dans le second cas, nous les retirerions du *débit* pour les mettre au *crédit*; en changeant toujours leur couleur. On évite ainsi un article de journal, et il n'y a qu'une seule balance de nombres noirs; c'est ce que j'engage toujours à faire, excepté le cas très-rare où il n'y aurait des deux côtés aucun nombre noir; on serait bien alors forcé de balancer les *nombres rouges* et de prendre l'intérêt sur cette *balance rouge*.

Pour conclusion de ce qui précède, que l'élève retienne bien deux choses : 1° C'est que les *nombres rouges* indiquent les sommes dont l'échéance dépasse l'époque de règlement du compte; 2° Que ces *nombres rouges* doivent être reportés (pour balance ou pour produit d'addition, suivant le cas), en *nombres noirs* du côté opposé où il ont été primitivement placés. J'ajoute que les *nombres rouges* sont comme un hors d'œuvre et qu'ils ne s'additionnent pas avec les *nombres noirs* lors de la balance des comptes.

Malgré la difficulté et le haut prix des procédés typographiques, je mets sous les yeux des élèves, au folio 57 du grand livre, un compte en nombres rouges et noirs. Ce modèle amusera et intéressera les élèves.

Tout ce que je viens de dire n'a rapport qu'à la première méthode des comptes courants, dite *méthode ordinaire*. C'est par cette méthode qu'est tenu le compte d'Antoine Guérin oncle et neveu, folio 51 du grand livre.

La seconde méthode est nommée *méthode à supputation rétrograde*. Elle est plus savante que l'autre, quoique plus simple; elle dispense *presque toujours* de l'emploi des nombres rouges, qui peuvent, par suite de distractions excusables, causer de notables erreurs. Voici son mécanisme.

On adopte comme époque de règlement la première échéance du compte ; c'est celle qui devient la plus ancienne à mesure que les affaires avancent et que les articles se multiplient. Pour trouver les nombres, on part de l'échéance des valeurs remises et on remonte jusqu'à la première échéance

désignée par le mot *époque*. On inscrit dans la colonne des nombres le produit
de la multiplication des sommes par les jours écoulés depuis l'*époque* jusqu'à
l'échéance. Voilà une première opération; elle est inverse de la méthode ordinaire, puisque par celle-ci on *descend* vers l'époque du règlement, tandis que
par la supputation rétrograde on *monte* vers l'*époque* FICTIVE. Cette inversion
donne naissance à un raisonnement très-clair. — En *débitant* quelqu'un des
intérêts d'une somme avant l'échéance à laquelle il doit réellement cette
somme, vous lui faites une injustice dont vous lui devez réparation. Le moyen
de réparer cette injustice est de le *créditer* des intérêts qu'il ne doit réellement
pas. Vous devez donc regarder les nombres représentant l'intérêt au débit,
comme appartenant au crédit du compte, et *vice versa*, les nombres du crédit
de votre homme sont ceux de son débit : car, si vous ne voulez pas faire tort,
vous ne voulez pas non plus éprouver une injustice. Ainsi, j'ai avec Jacques
un compte à supputation rétrograde dont l'*époque* est fixée au 1ᵉʳ janvier; je
lui donne 10,000 f. au 31 mars. Ce n'est, en bonne règle, que du jour de
mon versement qu'il me doit des intérêts, et cependant je vais compter ces
intérêts à dater du 1ᵉʳ janvier. Il est évident que je fais tort à Jacques, et c'est
justice que de regarder comme lui appartenant les intérêts que je lui compte.
Il en serait de même pour moi, si je devais à Jacques.

Mais vous avez droit de me faire ici deux objections graves : 1° En portant
comme vous le faites, me direz-vous, des intérêts au crédit du compte de
Jacques, vous suivez un système ruineux, car plus vous lui donnerez d'argent
plus il sera créancier d'intérêts, et vous ne retirez aucune compensation légi-
time de vos avances de fonds; 2° Vous ne débitez pas même Jacques des intérêts qu'il vous doit à partir de votre versement.

Tout cela est vrai, mais j'ai sous la main une seconde opération qui va
rétablir l'équilibre. Quand Jacques viendra me demander quelle est la situation
de son compte, j'examinerai combien il me doit en capital et combien je lui
dois moi-même, en capital également. Je ferai la *balance des capitaux*, et je
ferai remonter cette balance jusqu'à l'*époque* FICTIVE, depuis le jour où Jacques
veut son compte, lequel jour sera l'*époque* RÉELLE du règlement. Je calculerai
les nombres et les porterai à son *crédit* (qui est le mien, comme nous l'avons
vu). Je ferai la balance des nombres, je prendrai l'intérêt sur cette balance,
mais pour le coup je la porterai bel et bien en capital au véritable débit de
Jacques.

Notez que j'agirais d'une manière contraire, si j'étais le créancier de Jacques.

On comprend comment par ma seconde opération j'ai détruit l'effet des mesures ruineuses qui m'étaient objectées; car dans le cas, par exemple, des 10,000 fr. que j'ai donnés le 31 mars à Jacques, 1° j'ai annulé l'écriture factice qui attribuait à Jacques des intérêts du 1er janvier au 31 mars, en réparation d'un préjudice imaginaire qu'il éprouvait, puisque les intérêts de ces 10,000 fr. compris nécessairement dans ma balance de capital, ont été calculés cette fois à mon profit ; 2° j'ai compté par là même tous les intérêts qui m'étaient dus par Jacques depuis le 31 mars jusqu'à l'époque où il me demande son compte.

Telle est la méthode à supputation rétrograde, par laquelle est tenu le compte de Laffitte et Murheim, fol. 52 du grand livre. Cette méthode est plus difficile peut-être à bien comprendre que la méthode ordinaire, mais elle est infiniment préférable : 1° en ce que, comme je l'ai déjà dit, elle dispense des nombres rouges, si on sait bien choisir l'ÉPOQUE ; 2° en ce qu'elle permet de tenir un compte courant tout prêt, les nombres étant de suite trouvés et placés au moment du rapport d'un article, de sorte qu'en cinq minutes, c'est-à-dire après le temps nécessaire à faire les balances, un négociant peut donner à un client qui le prend à l'improviste, l'état de son compte courant.

Pour s'assurer par une preuve sans réplique et en dehors de toute théorie que la méthode à supputation rétrograde aboutit au même résultat que la méthode ordinaire, l'élève, après avoir clos et balancé le compte de Laffitte et Murheim, examinera le compte ouvert au fol. 55 du grand livre. Il y reconnaîtra la méthode ordinaire appliquée aux mêmes chiffres et aux mêmes échéances qu'aux fol. 52 et 49 du grand livre, et devra conclure que la supputation rétrograde est aussi exacte que l'autre et préférable à tous égards.

Il me reste à apprendre à l'élève une chose que son professeur d'arithmétique lui a déjà apprise sans doute, mais que je ne puis passer sous silence sans laisser cette leçon incomplète. C'est la manière de calculer les jours et les intérêts dans un compte.

Observons préliminairement que l'année financière a 360 jours, et que c'est sur cette base de 360 qu'a été établi le calcul des intérêts, comme on pourra s'en convaincre en cherchant les intérêts par an et par six mois. Ne discutons point la théorie de cette base ; acceptons ce qui est reconnu et convenu, en

12

faisant observer que cette règle s'applique généralement à l'année entière et non pas aux mois en particulier.

1° *Calcul des jours, d'une époque à l'autre.*

Rien n'est plus simple.

Dans la méthode ordinaire, on part de l'échéance exclusivement ; on additionne les jours des mois à la suite les uns des autres, jusqu'à l'époque du règlement inclusivement. Ainsi une somme donnée le 27 avril pour porter intérêt jusqu'au 30 juin, appellera :

En avril	3 jours.
En mai.	31 id.
En juin.	30 id.
Total. . . .	64 jours.

Dans la méthode à supputation rétrograde, on part de l'*époque* (arbitraire) pour arriver jusqu'à l'échéance, et on procède comme tout-à-l'heure. Ainsi l'*époque* étant convenue le 3 janvier, une somme versée le 15 juin appellera :

En janvier.	28 jours.
En février.	28 id.
En mars.	31 id.
En avril.	30 id.
En mai	31 id.
En juin	15 id.
Total	163 jours.

On peut aussi se servir de tables dressées exprès dans les manuels de comptabilité. Ces *barèmes d'échéances* offrent une économie de temps et une sûreté dans les opérations, deux choses précieuses.

2° *Calcul des intérêts.*

M. Louis-Amand La Touche, comptable à Angers, a donné récemment au public un beau travail, contenant des *facteurs d'intérêts* pour tous les jours de l'année. Au moyen de ces facteurs, qui sont parfaitement justes, on arriverait à supprimer les nombres des comptes courants et à n'avoir plus à faire qu'une simple multiplication de la somme par le *facteur*. Mais cette méthode ne résoudrait pas comme la supputation rétrograde, le problème des échéances dépassant l'époque de règlement ; et c'est très-regrettable.

Quoiqu'il en soit, voici l'exposé de M. La Touche.

« Un calcul extrêmement simple, dit-il, le principe de l'unité a été la « base sur laquelle j'ai édifié mon ouvrage.

« En effet, si, pendant un temps donné, un ouvrier a fait telle quantité « de travail, il est facile de concevoir que dix ouvriers, pendant le même « temps, en auraient fait dix fois autant; et pour connaître cette dernière « quantité de travail, il suffirait de multiplier le travail d'un seul ouvrier par « dix. Par la même raison, si un franc, pendant 90 jours, a donné 0 f. 015mes « d'intérêt à 6 p. 0/$_0$, nécessairement 1,000 f. donneraient mille fois autant, « c'est-à-dire 15 fr.; et 15,827 fr. pendant le même temps et au même taux, « multipliés par 0 fr. 015mes, intérêt d'un franc, donneraient 237 f. 405mes, « et négligeant les millièmes, 237 fr. 40.

« Voilà la base de tous mes calculs. »

Rien n'est plus clair ni plus juste; mais pour opérer sur ce principe et chercher l'intérêt produit par un franc pour chaque jour de l'année et pour chaque taux, il faut un long travail qu'un Teneur de livres peut faire assurément, mais auquel je renonce pour mon compte, puisque j'ai sous la main ce travail tout fait par un homme habile.

Je donne au grand livre, fol. 56, le compte courant d'Antoine Guérin oncle et neveu, premier semestre, fait d'après les facteurs de M. La Touche. On verra qu'il s'accorde avec le compte du fol. 51, centime pour centime.

Toutefois, je me permets une observation ; c'est que les *facteurs* de M. La Touche n'embrassent que les taux de 1/2, 1, 1 1/2, 2, 2 1/2, 3, 3 1/2, 4, 4 1/2, 5, 5 1/2 et 6 p. 0/$_0$; et j'exprime le vœu qu'il comble une lacune dans son travail, en nous donnant des *facteurs* exprimant dans tous les taux de 1 à 6 p. 0/$_0$, le 15/16, 13/16, 11/16, 9/16, 7/16, 5/16, 3/16 et 1/16, et le 1/8, 1/4, 3/8, 5/8, 3/4 et 7/8 pour cent. Ce livre ne laisserait rien alors à désirer.

En attendant que la méthode de M. La Touche se popularise et que le mécanisme des comptes courants se perfectionne par de nouvelles méthodes, voici comment je conseille à l'élève de régler ses comptes et de calculer ses intérêts.

1° Il obtiendra les *nombres* en multipliant les sommes par les jours; quand il y aura des centimes à la somme, il retranchera les deux derniers chiffres à droite des produits ;

2° Il placera ses *nombres-produits* sur la ligne des sommes et des jours multipliés;

3° Il fera la balance des nombres, et ce n'est que sur cette balance qu'il
cherchera l'intérêt, par l'une des deux méthodes suivantes. (*Voyez plus bas.*)

4° Quand il aura trouvé l'intérêt, il le placera au débit (ou au crédit) de
qui de droit, dans la colonne des capitaux;

5° Enfin, il balancera les capitaux comme dans un compte ordinaire.

Nota. 1° Dans la méthode à supputation rétrograde, avant de faire la balance des
nombres il fera une balance de capitaux dans l'intérieur du compte, pour prendre les
nombres résultant de cette balance et les placer *convenablement* dans leur colonne
respective;

2° Dans la méthode ordinaire, s'il y a des nombres rouges, avant de faire la balance
des nombres, il balancera entre eux les nombres rouges pour les changer en nombres
noirs et les porter en compte de nombres.

Première méthode pour trouver les intérêts.

Diviser le *nombre* par 6, en retranchant à la droite du quotient le dernier
chiffre qui serait au-dessous de 6; quand ce dernier chiffre sera au-dessus de
5, augmenter l'avant-dernier d'une unité.

Le quotient obtenu donne l'intérêt à 6 p. cent.

Premier exemple.

On demande l'intérêt de 2,000 fr. pour 180 jours.

$$2,000 \times 180 = 360,000.$$

Nombre: 360,000 | 6
0 | 60,000

Retranchez le dernier chiffre. Restera un quotient de 60 fr. 00 c.

Deuxième exemple.

On demande l'intérêt de 4,555 fr. pour 31 jours.

$$4,555 \times 31 = 141,205.$$

```
Nombre : 141,205 | 6
            21   | 23,534
            32
            20
            25
```

Je retranche 4, dernier chiffre du quotient. Il me reste pour intérêt **23 f. 53 c.**

Troisième exemple.

On demande l'intérêt de 3,455 fr. 95 c. pour 28 jours.

3,455 95 × 28 = 96,756 60.

Retranchez les deux derniers chiffres du *nombre*, attendu qu'il y a des centimes dans la somme. Reste

```
Nombre : 96,756 | 6
            36  | 16,126
            75
            15
            36
```

Biffez le dernier chiffre, et comme il dépasse 5, augmentez l'avant-dernier d'une unité. L'intérêt restera à 16 fr. 13 c.

On voit, sans donner d'autres exemples, que 6 est le facteur de l'intérêt à 6 pour cent. On pourrait à la rigueur s'en tenir là, et pour trouver les autres intérêts, prendre

Le sixième du quotient donné par 6 pour avoir 1 p. 0/0.

Le tiers   —   —   —   2 —
La moitié   —   —   —   3 —
Les deux tiers —   —   —   4 —
Les cinq sixièmes — —   —   5 —

Pour obtenir le demi pour cent en sus de chaque taux, on prendrait le douzième de la somme.

Premier exemple. — Intérêt à 3 1/2 pour cent.

L'intérêt trouvé, à 6 p. cent, est de 24 f.

```
La moitié de 24 . . . . . . 12 f.
Le douzième de 24. . . . .  2
                           ____
Intérêt à 3 1/2 p. cent . . . 14 f.
```

Deuxième exemple. — Intérêt à 5 pour cent.

L'intérêt trouvé, à 6 p. cent, est de   144 f. 30 c.
Le sixième de 144 f. 30 c. est de. .   24   05

Intérêt à 5 p. cent . . . . 120 f. 25 c.

Troisième exemple. — Intérêt à 5 1/2 p. cent.

L'intérêt trouvé à 6 p. cent est de. . . . 639 f. 90 c.
Le douzième de 639 f. 90 c. est. 53   32 1/2

Intérêt à 5 1/2 p. cent . . . . 586 f. 57 c. 1/2

Quatrième exemple. — Intérêt à 4 1/2 p. cent.

L'intérêt trouvé à 6 p. cent est de 336 f.

Le tiers de 336 f. est de. . . . . 112 f.
Ajouter un second tiers 112
Le douzième de 336 est de. 28

Intérêt à 4 1/2 p. cent . . . . 252 f.

Ainsi du reste. Mais on dira qu'il est désagréable d'avoir à faire, après l'opération du 6 p. cent, deux, trois opérations et quelquefois plus, pour trouver un autre taux d'intérêt. J'en conviens, tout en faisant observer que les autres méthodes sont aussi longues et aussi compliquées que la mienne. Pour parer à cet inconvénient, j'ai cherché des facteurs pour tous les taux. C'est l'objet de la seconde méthode.

DEUXIÈME MÉTHODE POUR TROUVER LES INTÉRÊTS.

On obtient d'abord les nombres.

Quand le nombre est connu, on le divise par un des facteurs ci-après, suivant le taux d'intérêt pour lequel on opère.

Taux.	Facteurs.	Taux.	Facteurs.
Pour 1 p. cent	36.	Pour 4 p. cent . . . . ,	9
— 1 1/2 p. cent	24.	— 4 1/2 p. cent . . . ,	8
— 2 p. cent	18.	— 5 p. cent	72
— 2 1/2 p. cent . . .	144.	— 5 1/2 p. cent	6,545
— 3 p. cent	12.	— 6 p. cent . , . . . ,	6
— 3 1/2 p. cent . . .	1,028.		

Premier exemple.

Quel est l'intérêt, à 4 1/2 p. cent, de 5,500 f. pendant 42 jours.

5,500 × 42 = 231,000 nombres.

$$\text{Nombre : } 231,000 \left|\begin{array}{l} 8 \\ \hline 28,875 \end{array}\right.$$
$$\begin{array}{r} 71 \\ 70 \\ 60 \\ 40 \end{array}$$

Je biffe le 5 du quotient. Intérêt, 28 fr. 87.

Deuxième exemple.

Quel est l'intérêt à 1 1/2 p. cent de 3,422 f. 65 c. pendant 61 jours.

3,422 65 × 61 = 208,781 65 nombres.

Comme il y a des centimes dans la somme, je retranche les deux derniers chiffres à droite, et mon nombre reste à

$$\begin{array}{r} 208,781 \\ 16,7 \\ 238 \\ 221 \end{array}\left|\begin{array}{l} 24 \\ \hline 8,699 \end{array}\right.$$

Je biffe le dernier chiffre à droite. Il dépasse 5, j'augmente le précédent et j'ai pour intérêt 8 f. 70 c.

Troisième exemple.

Quel est l'intérêt, à 2 1/2 p. cent, de 1,708 f. 75 c. pendant 117 jours.

1,708 75 × 117 = 19992375.

A cause des centimes de la somme, je retranche deux chiffres à droite.

Restent, $$\text{Nombre : } 199,923 \left|\begin{array}{l} 144 \\ \hline 13,88 \end{array}\right.$$
$$\begin{array}{r} 559 \\ 1272 \\ 1203 \\ 51 \end{array}$$

Intérêt, 13 f. 88 c.

Quatrième exemple.

Quel est l'intérêt, à 5 p. cent, de 9,989 f. 98 c. pendant 111 jours.

9989 98 × 111 = 110888778 nombres.

Il y a des centimes dans la somme ; retranchez deux chiffres à droite. Reste
pour nombre :

```
1,108,887 | 72
    388   |  154,01
    288   |
     87
     15
```

On voit qu'il faut épuiser la division du nombre, biffer un chiffre à droite,
et que les deux chiffres suivants, à gauche du chiffre biffé, étant séparés des
autres par une virgule, représentent les centimes, et le reste les francs.

Quand le dernier chiffre restant n'est pas divisible par le facteur, l'on n'a
au quotient rien à retrancher.

Je complète cette méthode de calculer les intérêts, en donnant des facteurs
pour les taux au-dessous de 1 p. cent.

Pour 1/8 . . . . Facteur   2,880
Pour 1/4 ou 2/8   1,440
Pour 3/8   960
Pour 1/2 ou 4/8   720
Pour 5/8   5,760
Pour 3/4 ou 6/8   480
Pour 7/8   4,114

Exemple unique.

Quel est l'intérêt, à 3/8 p. cent, de 2,140 f. pour 120 jours.
2140 × 120 = 256,800 nombres.

```
256800 | 960
  6480  |  2,67
  7200  |
   480
```

L'intérêt est de 2 f. 67 c.

SUITE DU BROUILLARD GÉNÉRAL.

1849. Juin. 30.

139. Dû à ANTOINE GUÉRIN ONCLE ET NEVEU, suivant leur
lettre de ce jour, pour frais de recouvrement de nos remises pendant ces six derniers mois, valeur du 31 mai. .   89 f. 30 c.

---

140. Dû à Laffitte et Murheim, de Paris, suivant leur
lettre du 27 courant, pour frais de recouvrement de nos
remises du 19 janvier passé, à ce jour, valeur 25 mai.

Nota. Ces messieurs nous prennent 3/4 p. 0/0. Le *Paris*
est au pair. — La province a donné 16,644 10 d'effets.　　124 f. 83 c.

---

141. Dû : 1° par Antoine Guérin oncle et neveu, pour intérêts en notre faveur sur la balance des nombres, au 30
juin courant . . . . 　1,747 f. 02 c.

　　2° Par Laffitte et Murheim, pour le même objet . . 　1,697 　36

Nota. Avant de passer cette écriture vous aurez à chercher les jours et les nombres et à les poser
dans votre compte courant. — Dans le compte d'Ant. Guérin oncle et neveu, vous balancerez les
nombres, dont vous porterez l'intérêt à leur débit par l'écriture ci-dessus. Quand, à la leçon suivante,
vous balancerez le compte, il devra présenter quatre additions, dont deux pour les capitaux, égales
entre elles, et deux pour les nombres, égales aussi. Dans le compte de Laffitte et Murheim, avant de
balancer les nombres, vous aurez à faire intérieurement une balance de capitaux du côté du crédit,
pour faire porter à la balance une suite de nombres qui rendront intérêt à partir du 19 janvier. Ces
intérêts seront portés au débit.

---

142. Nous avons vendu pendant les six
mois écoulés, en marchandises di-
verses, pour une somme de . . . . . 　428,125 f. 75 c.
Il nous en reste aujourd'hui pour . . 　208,868 　75

　　　　　　　　　　　　　　　　　636,994 f. 50 c.
Nous en avons acheté pour . . . . . 　614,673 　40

Nous avons donc gagné sur nos ventes. 　22,321 f. 10 c.
que nous portons au compte de pertes et profits, ci. . . 　22,321 f. 10 c.

Il s'agit de profits.

Qui donne? — Marchandises générales, débiteur.

Qui reçoit? — Le compte pertes et profits.

Notez bien, pour balancer votre compte de marchandises, qu'il en reste en magasin pour 208,868 f.
75 c.

QUATORZIÈME LEÇON.

1° *Balance des Comptes.*

1° Balancez tous vos comptes, excepté celui de pertes et profits,

2° Reportez à nouveau la balance de chaque compte.

Pour balancer vos comptes, voyez les deux modèles, folios du grand livre 53 et 54;

3° Cherchez la balance générale, en plaçant sur une feuille de papier d'un côté les débiteurs et de l'autre les créanciers. Après l'avoir trouvée, faites provisoirement la balance du compte pertes et profits, et vérifiez si elle est d'accord avec la balance générale des autres comptes;

4° S'il y a une différence, pointez vos écritures pour retrouver l'erreur;

5° S'il n'y a pas de différence, balancez définitivement le compte pertes et profits et reportez la balance à nouveau.

2° *Inventaire.*

1° Vous avez en caisse 3 billets de banque de mille francs, 3 sacs de mille francs, 125 fr. en écus, 1 rouleau de 25 fr. et 3 fr. 65 c. en menue monnaie et billon. Ce bordereau du caissier doit représenter la balance du compte caisse. Vérifiez, car si par cas les espèces ne représentaient pas votre compte, le caissier serait obligé de combler le déficit avec des deniers tirés de sa propre poche; il est responsable des erreurs de caisse;

2° Vous avez en magasin pour 208,868 f. 75 c. de marchandises. Elles sont détaillées sur un registre particulier, dont vous rappellerez les folios en dressant le bilan;

3° Vous avez en portefeuille des effets dont le montant doit s'élever, d'après la balance du compte traites et remises, à 103,731 f. 30 c. Prenez le livre de traites et remises, et par ordre de numéro vous inscrirez les effets qui ne sont pas sortis;

4° Voyez pour combien vous avez de meubles et ustensiles;

5° Récapitulez vos débiteurs.

Ces cinq opérations font connaître l'actif du négociant. Le passif est représenté par l'état seul des créanciers.

3° *Bilan.*

Bilan vient de *bilanx*, mot latin qui signifie *balance*. Le bilan diffère de la balance générale, en ce que l'on réserve en cherchant celle-ci le compte de pertes et profits pour servir de preuve, tandis que dans le bilan tous les comptes interviennent, de manière à ce que l'actif et le passif, représentant les deux plateaux d'une balance en équilibre, soient en harmonie parfaite de chiffres. Voilà l'explication théorique.

Dans la pratique, le bilan ne doit pas présenter une simple énonciation de chiffres et de comptes; il doit être clair pour tout le monde, même pour une personne qui n'est pas dans le commerce. C'est pourquoi on le dispose en cinq parties, comme nous l'avons vu pour expliquer les objets formant l'actif; le passif offre le détail des créanciers.

Prenez votre livre des inventaires, livre *légal*, vous le savez. Les colonnes latérales à gauche, sont destinées à recevoir les folios des comptes.

Inscrivez à l'actif:

1° Le numéraire en caisse;

2° Les effets en portefeuille, avec détail;

3° Les marchandises en magasin. Renvoyez pour le détail au livre d'inventaires de marchandises, folios 1 à 40;

4° Les meubles et ustensiles. Détail au livre d'achats, fol. 1;

5° Les débiteurs. Détail au compte débiteurs divers. Nommez les débiteurs qui forment la balance du compte;

Inscrivez au passif les créanciers, en les nommant tous;

Certifiez exact votre bilan *sauf erreur ou omission*, et déclarez le fait en double copie pour les deux associés. Datez du 30 juin 1849, et signez, non par la signature sociale RICARD ET SUBRIL, mais par les deux signatures particulières.

QUINZIÈME LEÇON.

OBSERVATION. Cette leçon pourrait être la dernière, et servir à initier l'élève à la connaissance de la liquidation d'une maison de commerce. En effet, nous avons vu presque tous les cas qui se présentent dans les affaires. Mais je crois que rien n'est plus utile que la pratique pour former un bon Teneur de livres, et comme complément d'instruction, il est nécessaire de donner une série d'exercices, pour conduire le jeune Teneur de livres à un second inventaire et à une plus grande habitude des comptes courants. Tel sera l'objet des cinq leçons qui vont suivre. Le mécanisme des comptes étant invariablement le même, nous nous bornerons à en suivre une dixaine que nous compliquerons le plus possible.

SUITE DU BROUILLARD GÉNÉRAL.

1849. Juillet. 1er.

143. Passez au crédit du compte intitulé *Résultat commercial*,
la balance du compte de *pertes et profits* . . . . 48,654 f. 80 c.

NOTA. Clore le compte semestriel de *pertes et profits*.

Le compte *résultat commercial* sera une subdivision du compte de *pertes et profits*, et sera tenu comme ce dernier.

1849. Juillet. 1er.

144. Remis :

1° A LAFFITTE ET MURHEIM, de Paris :

N° 18, n. traite sur	Amiens, au 5 août pr.	2,291 f.	» c.
N° 50, id.	Lille, au 5 août proch.	4,748	70
N° 51, id.	Amiens, au 10 sept. p.	629	65
N° 52, id.	Nantes, au 10 août pr.	1,244	55
N° 53, id.	Tours, au 10 août pr.	2,529	10
N° 70, id.	Nevers, au 5 août pr.	1,534	»
N° 71, id.	Bourges, au 5 sept.	1,781	85
N° 72, id.	Orléans, au 5 juillet.	1,947	»
N° 74, id.	Paris, 30 août. . . .	6,631	35
N° 75, id.	id. au 25 août . .	4,550	»
N° 77, id.	id. au 15 juillet. .	10,000	»

A reporter . . . . . 37,888 f. 20 c.

Report		37,887 f. 20 c.	
Nº 78, n. traite sur Paris, au 31 juillet . .		10,000 »	
Nº 79, id. id. 10 août. . .		10,000 »	
Nº 80, id. id. 20 août. . .		6,000 »	63,887 f. 20 c.

2º A Antoine Guérin oncle et neveu, de cette ville :

Nº 10, n. traite sur Moulins, au 25 juillet.	4,025 f. » c.	
Nº 21, id. Nancy, au 10 août . .	771 40	
Nº 23, id. Strasbourg, au 10 août.	1,834 40	
Nº 54, id. Nancy, au 15 septemb.	8,437 »	
Nº 55, id. Bordeaux, au 20 avril.	6,520 60	
Nº 56, id. Toulouse, au 20 août.	3,231 45	
Nº 57, id. Marseille, au 25 juillet.	1,632 30	
Nº 58, id. Avignon, au 25 juillet.	421 25	
Nº 59, id. Nîmes, au 25 juillet. .	903 »	
Nº 60, id. Montpellier, au 25 juill.	1,422 20	29,198 60

——————— 1849. Juillet. 2. ———————

145. Nous mettons en portefeuille les traites suivantes, for-
mées pour nos expéditions de juin :

Nº notre traite au 15 octobre, sur Favier, à Lille . . .		2,524 f. » c.
Nº id. 15 novembre, s. Bernard, à Amiens.		509 »
Nº id. 15 octobre, sur Henri, à Tours . . .		905 »
Nº id. 25 novembre, s. Jacquemin, à Nancy.		614 »
Nº id. 25 septembre, sur Kolb, à Strasbourg.		2,174 »
Nº id. 25 septembre, Quod, à Nîmes		3,240 »
Nº id. 30 sept., sur Rainel, à Montpellier.		862 »

——————— 1849. Juillet. 3. ———————

146. Réglé la facture générale de Brocard frères et cousin, par
Nº notre traite au 31 courant, sur Laffitte et Mu-
rheim. . . . . 8,264 f. »
Escompte en notre faveur. 1,458 75

——————— 1849. Juillet. 4. ———————

147. Reçu d'Audibert, de Rive-de-Gier . . . . 220 f. »
Id. de Marie Neldet, de Tarare . . . . 135 »

—————————— 1849. Juillet. 5. ——————————

148. Réglé la facture générale de CHABREL, par

N° notre traite au 31 juillet, sur LAFFITTE ET MURHEIM.	20,000 f. »
Notre billet au 31 courant, payable à Lyon	3,000 f. »
Notre billet au 15 août, payable à Lyon	3,633 »
Escompte en notre faveur	4,582 75

—————————— 1849. Juillet. 6. ——————————

149. Remis à GLORIAN, notre voyageur, partant pour la
foire de Beaucaire, diverses marchandises, suivant détail
au journal de ventes, f. 106 à 110. . . . . 82,750 f. »
Compte de voyage.

—————————— 1849. Juillet. 7. ——————————

150. Reçu de MAZANIELLO SORELLE de Naples :

N° son billet au 5 août, payable à Marseille	1,200 f. » c.
N° id. 15 août, id.	1,200 »
N° id. 31 août, id.	1,147 75

Noter pour intérêts, par suite du retard de
paiement . . . . 52 f. 50 c.

—————————— 1849. Juillet. 8. ——————————

151. Réglé la facture de CHANET, de cette ville, par

N° notre traite au 25 courant, sur LAFFITTE ET MU-RHEIM.	3,944 f. »
Escompte en notre faveur.	697 »

—————————— 1849. Juillet. 9. ——————————

152. Réglé la facture de GUILLET FRÈRES, de cette ville, par

N° notre traite au 20 courant, sur LAFFITTE ET MU-RHEIM.	9,100 f. »
Escompte en notre faveur.	1,610 »

—————————— 1849. Juillet. 10. ——————————

153. Expédié ce jour, à DEMARRE, CASTEL ET Cie, de Paris,
trois caisses nouveautés, suivant facture, journ. de ventes,
fol. 111 et 112, valeur à 3 mois . . . . 5,068 f. 75 c.

───── 1849. Juillet. 11. ─────

154. Expédié à Quod, à Nîmes, une caisse nouveautés,
suivant fact., journ. de ventes, f. 113 et 114, v. à 3 m. 1,050 f. »

───── 1849. Juillet. 12. ─────

155. Négocié notre billet n° 30, sur Bâle, au 25 courant,
de 2,026 f., moyennant : 1° Espèces . . . . 1,995 f. 60 c.
2° Perte à la négociation. . . 30 40

───── 1849. Juillet. 13. ─────

156. Réglé la facture de Jacques Caderon, de cette ville, par
1° N°   notre traite au 5 août, sur Laffitte et Murheim. 20,000 f. »
2° Espèces comptées . . . . 1,846 »
3° Escompte en notre faveur. . . . . 3,856 »

───── 1849. Juillet. 14. ─────

157. Reçu :
1° De Mlle Openheim, de Bâle.
N°   sa remise au 15 novembre proch., sur Valence. 2,239 f. » c.
2° De Vismara, de Milan :
N°   sa remise au 15 octobre 1849, sur Grenoble. . 1,000 »

───── 1849. Juillet. 15. ─────

158. Expédié :
1° Le 14 courant, à Picard et Duvret, de Paris, deux
caisses nouveautés, suivant détail, journal de ventes,
fol. 115, val. à 3 mois. . . . . 3,000 f. »
2° Le 15, à Dlle Fabrien de l'Écluse, de Paris, trois
caisses nouveautés, journ. de v., f. 116 et 117, v. à 3 m. 5,000 »

───── 1849. Juillet. 16. ─────

159. Reçu : 1° De Portallet, de Tournon. Espèces. . . . 400 f. » c.
Rabais . . . . 5 »
2° De Quindon, de Tarare. Espèces. . . . . 290 »
Rabais 5 50

───── 1849. Juillet. 17. ─────

160. Réglé la facture générale de Tavernier frères, de
cette ville, par
1° N°   notre traite au 10 août, s. Laffitte et Murheim. 13,000 f » c.

2° Espèces comptées . . . .   267 f. » c.

3° Rabais et escompte. 2,341 50

—————————————— 1849. Juillet. 18. ——————————————

161. Reçu : 1° De Rabion , de Bourgoin, espèces. . . . .   219 f. » c.

                Rabais . . . .   » 40

        2° De Eugénie Lambron , d'Annonay, espèces .   281 »

                Rabais . . . .   » 25

—————————————— 1849. Juillet. 21. ——————————————

162. Reçu de Duval , de Constantinople :

  N°   son billet au 10 septembre pr. , payable à Lyon.   10,000 f. » c.

  N°   id.   10 octobre   id.   id.   11,000 »

  N°   id.   10 novembre   id.   id.   12,000 »

  N°   id.   10 décembre   id.   id.   13,000 »

  N°   id.   31 décembre p., payable à Marseille.   16,000 »

                Rabais. 450 75

—————————————— 1849. Juillet. 23. ——————————————

163. Reçu de Pizzicoli , de Florence :

  N°   sa remise au 15 septembre proch. , s. Marseille.   2,770 f. » c.

                Rabais. 6 75

—————————————— 1849. Juillet. 25. ——————————————

164. Reçu de Palmeston et Cie , de Londres :

  N°   sa remise au 10 août , sur Lyon . . . .   6,000 f. » c.

  N°   id.   15 août, sur Bordeaux . . . . . .   2,500 »

                Rabais 141 60

—————————————— 1849. Juillet. 31. ——————————————

165. Acquitté notre billet n°   o. Chabrel . . . . . .   3,000 f. »

—————————————— 1849. Juillet. 31. ——————————————

166. Reçu pour ventes au comptant de juillet . . . . . .   4,000 f. »

—————————————— 1849. Juillet. 31. ——————————————

167. Payé pour menus frais en juillet . . . .   307 f. 80 c.

Balancez votre caisse.

—————————— 1849. Août. 1er. ——————————

168. Reçu :

1° D'EUPHORBE, de Bourg. . . . .   146 f. »

2° De PASQUIER, de Montbrison   152   »

—————————— 1849. Août. 2. ——————————

169. Mis en portefeuille les traites suivantes :

N°   notre traite au 10 octobre 1849, s. DEMARRE, CAS-

TEL ET Cie, de Paris. . . . .   5,068 f. 75 c.

N°   notre traite au 15 octobre 1849, s. Dlle FABRIEN

DE L'ECLUSE, à Paris. . . . .   5,000 f. »

N°   notre traite au 15 octobre 1849, sur PICARD ET

DUVRET, à Paris   3,000   »

N°   n. traite au 15 octobre 1849, s. QUOD, à Nimes.   1,050   »

—————————— 1849. Août. 2. ——————————

170. Remis à ANTOINE GUÉRIN ONCLE ET NEVEU :

Notre traite n° 85, au 25 sept., s. Strasbourg.   2,174 f.   » c.

Id.   86,   id.   Nimes . . .   3,240   »

Id.   87, au 30 id.   Montpellier.   862   »

Remise n° 92, au 5 août, sur Marseille. .   1,200   »

Id.   93, au 15 id.   id.   . .   1,200   »

Id.   94, au 31 id.   id.   . .   1,147   75

Id.   106, au 15 sept.,   id.   . .   2,770   »

Id.   108, au 15 août, sur Bordeaux.   2,500   »   15,093 f. 75 c.

—————————— 1849. Août. 10. ——————————

171. Encaissée la remise de PALMESTON ET Cie (N°   ) . .   6,000 f. »

—————————— 1849. Août. 13. ——————————

172. Reçu d'ANTOINE GUÉRIN ONCLE ET NEVEU, de cette ville :

1° Notre traite au 25 juillet passé, sur PATRILLE, à Avi-

gnon, avec frais . . . .   424 f. » c.

2° Billet de MAZANIELLO SORELLE, payable à Marseille, au

5 août, protesté, capital et frais   1,215   40

NOTA. Patrille d'Avignon est en faillite.

—————————— 1849. Août. 15. ——————————

173. Encaissé la remise (n°   ) de VISMARA, de Milan . .   5,200 f. »

14

——————————— 1849. Août. 15. ———————————

174. Acquitté notre billet o. Chabbel . . . . 3,633 f. »

——————————— 1849. Août. 18. ———————————

175 et 176. Glorian, notre voyageur, revient de Beaucaire.

  1° Il nous remet en espèces . . . . 27,000 f. »

  2° Il a vendu à Nalbal, de Marseille . . . . 18,000 »

  A Mme Menon, de Toulouse . . . . 22,000 »

  A Quod, de Nîmes . . . . 15,000 .

  Ces trois clients ont réglé, chacun en un billet au 31 décembre prochain, que nous remet Glorian.

  3° Il a dépensé pour son voyage, suivant sa note . . . 506 »

  4° Il a perdu sur le prix de facture . . . . 244 »

  mais il ne rapporte aucune marchandise.

——————————— 1849. Août. 20. ———————————

177. Reçu de Laffitte et Murheim, de Paris, notre traite n° sur Evrard, de Nantes, avec frais, (Evrard est en faillite) . . . . 1,250 »

——————————— 1849. Août. 31. ———————————

178. Reçu pour ventes au comptant de ce mois . . . . . . 8,000 f. »

——————————— 1849. Août. 31. ———————————

179. Payé pour menus frais du mois . . . . 181 f. 70 c.

Balancez votre caisse.

SEIZIÈME LEÇON.

SUITE DU BROUILLARD GÉNÉRAL.

——————————— 1849. Septembre. 2. ———————————

180. Compté à Antoine Guérin oncle et neveu, v. demain. 45,000 f. »

——————————— 1849. Septembre. 5. ———————————

181. Reçu de Mazaniello Sorelle :

  N° Traite au 10 octobre, sur Marseille . . . . . 1,227 f. 55 c.

  Il y a 12 f. 15 c. d'intérêts pour retard de paiement.

———————— 1849. Septembre. 7. ————————

182. Accepté o. LAFFITTE ET MURHEIM, de Paris :

N°   Traite au 25 courant . . . .   1,000 f.   »

———————— 1849. Septembre. 10. ————————

183. Encaissé la remise n°   . . . .   10,000 f.   »

———————— 1849. Septembre. 20. ————————

184. Envoyé :

1° Le 16 courant, à DEMARRE, CASTEL ET Cⁱᵉ, de Paris,
une balle étoffes unies, suivant dét., journ. de ventes,
f. 118, val. à 3 mois. . , ...   2,000 f.   »

2° Le 16 courant, à Dˡˡᵉ FABRIEN DE L'ÉCLUSE, de Paris,
une balle étoffes unies, suivant détail, journ. de ventes,
f, 119, val. à 3 mois.   1,000   »

3° Le 17 courant, à PICARD ET DUVRET, de Paris, deux
balles étoffes unies, journ. de ventes, f. 120, v. à 3 mois.   3,000   »

4° Le 19 courant, à NALBAL, de Marseille, une caisse
nouveautés ; journ. de v., f. 121, val. à 3 mois.   2,200   »

5° Le 20 courant, à Mᵐᵉ MENON, de Toulouse, une
caisse nouveautés, journ. de v., f. 121, val. à 3 mois. .   1,800   »

———————— 1849. Septembre. 25. ————————

185. Acquitté la traite o. LAFFITTE ET MURHEIM. . . . . .   1,000 f.   »

———————— 1849. Septembre. 30. ————————

186. Payé ce jour :

1° A N/ S/ RICARD, trois mois de levées . . . .   750 f.   »

2° A N/ S/ SUBRIL, id.   id.   750   »

3° A DAMBULLIANT, trois mois d'honoraires   750   »

4° A BÉRARD,   id.   id.   300   »

5° A PÉLIOT,   id.   id.   450   »

6° A JEAN GARCET,   id.   id.   250   »

7° A GLORIAN, pour solde. (Il nous quitte)   500   »

8° Pour menus frais   221   »

———————— 1849. Septembre. 30. ————————

187. Reçu pour ventes au comptant . . . .   6,000 f.   »

——— 1849. Septembre. 30. ———

188. Créditer

   1° Laffitte et Murheim, pour frais d'encaissement,
val. au 15 août . . . .   167 f. 05 c.

   2° Antoine Guérin oncle et neveu, pour le même
objet; valeur à la même date . . . .   196 f. 25 c.

——— 1849. Septembre. 30. ———

189. Dressez vos deux comptes courants et réglez-les à ce
jour, en débitant Laffitte et Murheim, pour intérêts, de   882 f. 23 c.
Et Antoine Guérin oncle et Neveu, pour intérêts, de. .   785   22

Faites votre balance de caisse.

DIX-SEPTIÈME LEÇON.

SUITE DU BROUILLARD GÉNÉRAL.

——— 1849. Octobre. 1er. ———

190. Accepté traite o. Laffitte et Murheim, au 25 cour[t].   1,000 f. »

——— 1849. Octobre. 2. ———

191. Passer par pertes et profits les honoraires de M. Glorian, qui vient de nous quitter . . . .   500 f. »

——— 1849. Octobre. 3. ———

192. Mis en portefeuille les traites suivantes :

N°	au 20 déc. pr., sur Demarre, Castel et Cie, de Paris.	2,000 f.	»
N°	au 20 id.	sur D[lle] Fabrien de l'Ecluse, à Paris.	1,000	»
N°	au 20 id.	sur Picard et Duvret, à Paris . . .	3,000	»
N°	au 20 id.	sur Nalbal, à Marseille	2,200	»
N°	au 20 id.	sur Mme Menon, à Toulouse . . .	1,800	»

193. Remis ce jour :

    1° A LAFFITTE ET MURHEIM :

N° 81, au 15 octobre 1849, sur Lille . . . . 2,524 f. »

N° 82, au 15 octobre 1849, sur Amiens. . . . . 509 »

N° 83, au 15 octobre 1849, sur Tours. . . . . 905 »

N° 84, au 20 novembre 1849, sur Nancy . . . . 614 »

N° 109, au 10 octobre 1849, sur Paris 5,068 75

N° 110, au 10 octobre 1849, sur Paris . . . . 5,000 f. »

N° 111, au 10 octobre 1849, sur Paris . . . . 3,000 »

    2° A ANTOINE GUÉRIN ONCLE ET NEVEU :

N° 69, au 5 novembre 1849, sur Moulins 3,419 50

N° 98, au 15 novembre 1849, sur Valence . . . . 2,239 »

N° 99, au 15 octobre 1849, sur Grenoble . . . . 1,000 »

N° 105, au 31 décembre 1849, sur Marseille . . . . . . 16,000 »

N° 112, au 10 octobre 1849, sur Nîmes . . . . 1,050 »

N° 113, au 31 décembre 1849, sur Marseille. . . . . . 18,000 »

N° 114, au 31 décembre 1849, sur Toulouse. . . . . . 22,000 »

N° 115, au 31 décembre 1849, sur Nîmes . . . . 15,000 »

N° 116, au 10 octobre 1849, sur Marseille 1,227 55

1849. Octobre. 10.

194. Encaissé la remise n°   . . . . 11,000 f. »

1849. Octobre. 11.

195. DEMARRE, CASTEL ET Cⁱᵉ, de Paris, annoncent qu'ils
ont disposé sur nous, par suite du renvoi qu'ils nous font
de marchandises, pour 4,000 f., frais compris, deux
traites, l'une de 2,000 f., au 15 novembre prochain, et
l'autre de 2,000 f., au 15 décembre prochain. . . . . . 4,000 f. »

    Nous avons reçu hier les marchandises en bon état.

1849. Octobre. 12.

    PICARD ET DUVRET ont aussi laissé pour compte des
marchandises représentant une somme de 500 f., port
compris. Ils demandent crédit de cette somme, qu'on dé-
duira de leur traite prochaine.

—————— 1849. Octobre. 15. ——————

196. LAFFITTE ET MURHEIM annoncent qu'ils désirent la clôture de leur compte, dont ils demandent envoi et règlement au 31 octobre courant. Ils donnent une note de frais d'encaissement, val. 15 octobre courant, de . . . . . . 45 f. 52 c.
et autorisent à tirer sur eux pour le solde du compte.

NOTA. Faire tout ce que demande cet article.

—————— 1849. Octobre. 17. ——————

197. Doit LAFFITTE ET MURHEIM, intérêts sur leur compte soldé au 31 courant. . . . . 336 f. 07 c.

—————— 1849. Octobre. 19. ——————

198. Remis à ANTOINE GUÉRIN ONCLE ET NEVEU, notre traite au 31 courant, sur LAFFITTE ET MURHEIM. . . . . 106,323 f. 56 c.

—————— 1849. Octobre. 25. ——————

199. Acquitté la traite acceptée o. LAFFITTE ET MURHEIM. . 1,000 f. »

—————— 1849. Octobre. 31. ——————

200. Reçu pour ventes au comptant d'octobre. . . . . . . 7,040 f. »

—————— 1849. Octobre. 31. ——————

201. Payé pour menus frais d'octobre. . . . . 180 f. 30 c

Faites votre balance de caisse.

—————— 1849. Novembre. 2. ——————

202. Versé à ANTOINE GUÉRIN ONCLE ET NEVEU . . . . 30,000 f. »

—————— 1849. Octobre. 3. ——————

203. Reçu d'ANTOINE GUÉRIN ONCLE ET NEVEU, le billet souscrit par Mazaniello Sorelle, de Naples, au 10 octobre passé, de 1,227 f. 55 c., protesté avec frais de 22 f. 45 c. 1,250 f. »

204. MAZANIELLO SORELLE nous envoient en retour deux billets nouveaux; l'un de 600 f., au 31 décembre prochain, et l'autre de 600 f., au 10 janvier 1850, total . . . . . 1,200 »
et se refusent à payer cette fois tous frais et intérêts.

Ce client n'offrant aucune sécurité, fermer son compte et ne plus lui expédier.

NOTA. Faites bien attention en passant ces écritures.

—————————— 1849. Novembre. 4. ——————————

205. Reçu du syndic de la faillite PATRILLE, d'Avignon, un
bon sur la poste, de 55 f. 60 c., ci. . . . .   55 f. 60 c.
représentant, avec les frais d'envoi, de 1 f. 65 c., le dividende qui nous revient sur notre créance de 1,145 f.; là
faillite ayant offert 95 p. 0/0 de perte.

—————————— 1849. Novembre. 10. ——————————

206. Reçu le montant de la remise DUVAL, sur Lyon . . . 12,000 f. »

—————————— 1849. Novembre. 15. ——————————

207. Expédié :
    1° Le 12 courant, à DEMARRE, CASTEL ET Cⁱᵉ, de Paris,
deux balles et une caisse, j. de v., f. 122, v. à 3 et 4 m.   8,000 f. »
    2° Le 13 courant, à Dˡˡᵉ FABRIEN DE L'ECLUSE, de Paris,
une balle et deux caisses, j. de v., f. 124, val. à 3 mois.   6,000   »
    3° Le 14 courant, à PICARD ET DUVRET, de Paris, une
balle, journal de ventes, fol. 125, val. à 3 mois   3,000   »
    4° Le 14 courant, à NALBAL, de Marseille, une caisse,
journ. de v., fol. 126, val. à 3 mois   1,500   »
    5° Le 15 courant, à Mᵐᵉ MENON, de Toulouse, une
caisse, journ. de ventes, f. 127, valeur à 3 mois.   1,500   ɛ

—————————— 1849. Novembre. 15. ——————————

208. Payé une traite o. DEMARRE, CASTEL ET Cⁱᵉ. . . . .   2,000 f. »

—————————— 1849. Novembre. 25. ——————————

209. Payé diverses petites notes de fabricants . . . . . . 11,000 f. »

—————————— 1849. Novembre. 30. ——————————

210. Reçu pour ventes au comptant de novembre . . .   9,000 f. ɒ

—————————— 1849. Novembre. 31. ——————————

211. Payé pour menus frais du mois . . . .   345 f. 05 c.

—————————————————————————————

Faites la balance de caisse.

DIX-HUITIÈME LEÇON.

SUITE DU BROUILLARD GÉNÉRAL.

——————————— 1849. Décembre. 5. ———————————

212. Expédié aux suivants :

    1° Le 1er courant, à DEMARRE, CASTEL ET Cie, de Paris,
deux balles, journal de ventes, f. 128, val. à 4 mois. .   4,000 f. »

    2° Le 2 courant, à D^{lle} FABRIEN DE L'ÉCLUSE, à Paris,
trois balles, journal de ventes, fol. 130, val. à 3 mois. .   7,000 »

    3° Le 4 courant, à PICARD ET DUVRET, de Paris, une
caisse, journ. de ventes, f. 131, val. à 3 mois . . . . .   500 »

    4° Le 4 courant, à Mme MENON, de Toulouse une caisse
et une balle, journal de ventes, fol. 132, val. à 3 mois.   1,500 »

——————————— 1849. Décembre. 10. ———————————

213. Reçu la remise DUVAL. . . . .   13,000 f. »

——————————— 1849. Décembre. 12. ———————————

214. Payé à divers fabricants :

    1° En espèces . . . .   20,000 f. »

    2° En divers bons au 15 courant, sur ANTOINE GUÉRIN
ONCLE ET NEVEU . . . . 100,000 »

——————————— 1849. Décembre. 13. ———————————

215. Négocié les valeurs suivantes :

    N° 118, au 20 courant, sur Paris . . . . .   2,000 f.

    N° 119,   id.   id.   1,000

    N° 120,   id.   id.   3,000

    N° 121,   id.   sur Marseille . . .   2,200

    N° 122,   id.   sur Toulouse . . .   1,800

    N° 124, au 31 décembre, sur Naples . . .   600

    N° 125, au 10 janvier 1850, sur Naples. .   600

                  A reporter. . . .   11,200 f.

Report . . . . . 11,200 f.

A déduire, perte à la négociation :

Sur Paris, 6,000 f., à 1/4 p. 0/0 . . 15 f.

Sur province, 4,000 f., à 3/4 p. 0/0. 30 } 81

Sur Naples, 1,200 f., à 3 p. 0/0 . . 36 } 11,119 f. »

Encaissé 11,119 f.

──────── 1849. Décembre. 15. ────────

216. Payé une traite o. DEMARRE, CASTEL ET Cⁱᵉ . . . . . 2,000 f. »

──────── 1849. Décembre. 16. ────────

217. Mis en portefeuille les deux traites suivantes :

Nᵒ   au 15 février 1850, sur NALBAL, à Marseille . . 1,500 f. » .

Nᵒ   au 15 février 1850, sur Mᵐᵉ MENON, à Toulouse. 1,500 »

──────── 1849. Décembre 17. ────────

218. Reçu du syndic de la faillite EVRARD, de Nantes, un mandat au 15 janvier 1850, sur Lyon, pour le dividende qui nous revient dans sa faillite sur notre créance de 2,075 f., à 30 p. 0/0 . . . . 622 f. 50 c.

Passer le reste par pertes et profits.

──────── 1849. Décembre. 30. ────────

219. Reçu et admis les factures générales du trimestre :

1° De CHABREL, fabricant, pour . . . . 16,000 f. »

2° De GUILLET FRÈRES, pour . . . . 6,000 »

3° De JACQUES CADERON, pour. . . . . 18,000 »

──────── 1849. Décembre. 31. ────────

220. Reçu pour ventes au comptant de décembre. . . . . 10,000 f. »

──────── 1849. Décembre. 31. ────────

221. Dû à N/ S/ RICARD, compte obligé, intérêts de 6 mois. 2,000 f. »

──────── 1849. Décembre. 31. ────────

222. Payé aujourd'hui :

1° A N/ S/ RICARD, compte obligé, intérêts . . . . 2,000 f. » ٠

2° A N/ S/ RICARD, compte de levées, 3 mois . . . . . . 750 »

3° A N/ S/ SUBRIL,   id.   id.   . . . . . . 750 »

15

4° A Dambulliant, trois mois d'honoraires			750 f.	» c.
5° A Bérard,	id.	id.	300	»
6° A Péliot,	id.	id.	450	»
7° A Jean Garcet,	id.	id.	250	»
8° Pour menus frais de décembre			326	40
9° Pour loyer de 6 mois			1,500	»

——————— 1849. Décembre. 31. ———————

223. Passer la dépréciation sur les meubles et ustensiles, ainsi que les frais de levées et d'honoraires dus par la société.

——————— 1849. Décembre. 31. ———————

224. Dû à Antoine Guérin oncle et neveu, pour frais de recouvrement, suivant leur note, val. au 31 octobre . . 732 f. 50 c.

——————— 1849. Décembre. 31. ———————

225. Après avoir réglé, à l'époque du 31 décembre 1849, le compte courant d'Antoine Guérin oncle et neveu, débitez-les de l'intérêt qui nous est dû, soit. . . . . 2,513 f. 07 c.

——————— 1849. Décembre. 31. ———————

226. Passez par pertes et profits le bénéfice apparent de marchandises générales, soit. . . . . 20,412 f. 10 c.

DIX-NEUVIEME LEÇON.

DEUXIÈME INVENTAIRE.

1° Balancer les comptes; les ouvrir à nouveau;
2° Chercher la balance générale;
3° En faire la preuve;
4° Balancer le compte pertes et profits;
5° Dresser le bilan.

Vous avez en caisse 10 billets de banque de 1,000 fr., 12 autres de 250 f., 3 sacs de 1,000 fr., 4 piles de 100 fr., 2 rouleaux de 50 fr., 3 rouleaux de 25 fr. et 23 f. 60 c. en monnaie d'argent ou de cuivre.

Vous avez en portefeuille les n°s 126, 127 et 128 du livre de traites et remises.

Vous avez en marchandises, pour 220,412 f. 10 c., suivant détail à un registre spécial, fol. 41 à 79.

Voir la quatorzième leçon et le premier inventaire.

VINGTIÈME LEÇON.

SUITE DU BROUILLARD GÉNÉRAL.

——————————— —— 1850. Janvier. 1er. ———————————

227. Passer par résultat commercial la balance du compte

pertes et profits . . . . 21,872 f. 22 c.

——————————— 1850. Janvier. 2. ———————————

228. Mis en portefeuille les traites suivantes:

N° au 15 février 1850, sur DEMARRE, CASTEL ET Cie, de Paris.	4,000 f.	»
N° au 15 mars 1850, sur DEMARRE, CASTEL ET Cie, de Paris	4,000	»
N° au 15 avril 1850, sur DEMARRE, CASTEL ET Cie, de Paris	4,000	»
N° au 15 février 1850, sur D^{lle} FABRIEN DE L'ÉCLUSE, de Paris	6,000	»
N° au 15 mars 1850, sur D^{lle} FABRIEN DE L'ECLUSE, de Paris	7,000	»
N° au 15 février 1850, s. PICARD ET DUVRET, de Paris.	3,000	»
N° au 15 février 1850, sur Mme MENON, à Toulouse.	1,500	»

NOTE.

Aujourd'hui 2 janvier 1850, notre sieur Subril nous déclare qu'il est obligé de partir pour l'Amérique où l'appelle une riche succession, et qu'il y séjournera probablement 4 à 5 ans; il désire, par ce motif, que notre société soit dissoute. A partir de demain, nous entrerons en liquidation.

LIQUIDATION.

Théorie du compte de Liquidation.

Lorsqu'une maison de commerce cesse les affaires, le Teneur de livres ouvre un compte général, auquel il donne le titre de *compte de liquidation*, ou simplement *liquidation*. Ce compte résume toutes les opérations qui deviennent nécessaires, pour arriver à la clôture de tous les comptes généraux, particuliers ou impersonnels.

Chaque Teneur de livres a sa méthode pour tenir les écritures d'une liquidation. Les uns laissent subsister les quatre comptes généraux, en ajoutan seulement les mots *de liquidation* ou *en liquidation*. *Caisse générale* est intitulée *caisse de liquidation; marchandises générales* se nomme *marchandises en liquidation*. Il en est de même de *traites et remises*. Dans ce système, le *compte de liquidation* proprement dit devient inutile; les choses marchent comme à l'ordinaire, et la besogne n'est ni diminuée, ni simplifiée. Ce n'est pas là tenir un *compte de liquidation*.

D'autres praticiens se contentent de faire passer au débit *de liquidation* la balance du compte *caisse générale*, et laissent subsister les autres comptes. Agir ainsi, c'est se montrer peu conséquent dans l'application des principes. Pourquoi laisser subsister, par exemple, *marchandises générales*, qui n'aura plus de débit dans la liquidation, puisqu'on ne fait plus d'achats? Pourquoi tenir *traites et remises*, puisque c'est de l'argent en papier? Et quant à *pertes et profits*, il est évident qu'en continuant ce compte, on mêle les résultats des opérations sociales avec celles de la liquidation, et c'est une faute.

Dans notre méthode, tout est simplifié et ramené à un point de vue unitaire. Voici le mécanisme que nous avons adopté :

1° Nous supprimons les trois comptes généraux en les soldant par *liquidation*, excepté celui de *pertes et profits* qui se solde par *résultat commercial*. Ce dernier compte continue dans la liquidation le rôle observateur de *pertes et profits* dans la société commerciale, et n'admet toutefois que les écritures qui donnent un bénéfice. La perte est représentée par un seul article, comme je vais le dire;

2° Pour représenter les petites dépenses et les frais auxquels donne lieu fréquemment un règlement définitif d'affaires compliquées, le *brouillard de liquidation* a une colonne intérieure. Cette colonne reçoit comme simples notes les chiffres de toutes les petites opérations dont il est question; ces chiffres sont additionnés lors de la clôture du compte de liquidation, et rapportés par un seul article du journal à *résultat commercial*, soit pour infirmer, soit pour augmenter la balance de ce dernier compte;

3° Après cet article passé, quand on a remboursé les apports de fonds, les deux balances de comptes sont égales entre elles. Mais j'ai hâte d'ajouter que *ces deux comptes ne se balancent pas. On les solde l'un par l'autre,* et tous les comptes se trouvent définitivement et régulièrement clos.

Aucune autre méthode ne présente cette régularité, et quand il s'agit de partager les bénéfices entre associés, le compte pertes et profits qui les distribue, ne trouve pas de créancier *régulier* pour les recevoir; il faut préalablement en créer un, comme on le fait pour les levées et appointements des commis.

Canevas.

Faites un acte de dissolution de société.

Conditions : 1° La dissolution date du 3 janvier 1850; 2° Liquidation à frais communs; 3° Liquidateur, M. Dambulliant, caissier de MM. Ricard et Subril, moyennant un forfait de 300 francs; 4° Fondé de pouvoir de N/ S/ Subril qui s'éloigne, M. Joseph Réalne, de Lyon.

Date du 3 janvier 1850.

BROUILLARD DE LIQUIDATION.

—————— 1850. Janvier. 3. ——————

229. Admis au compte de liquidation :

1° La balance du compte général caisse. . . . . 16,598 f. 60 c.
2° Celle du   id.   traites et remises 33,122   50
3° Celle du   id.   marchandises générales. 220,412   10
4° Celle du compte impersonnel meubles et ustensiles. . . 3,200   »

—————— 1850. Janvier. 4. ——————

230. Réglé les factures suivantes :

1° De CHABREL, de Lyon, par

Notre traite nº 126, au 15 févr. 1850, s. Marseille. 1,500 f.

    Id.   127, id.   id.   Toulouse. 1,500

    Id.   133, au 15 mars 1850, sur Paris. 7,000

    Id.   134, au 15 février 1850, s. Paris. 3,000   13,000 f. »

Espèces . . . . 600 »

Rabais pour escompte. . . . . 2,400 »

      2º De GUILLET FRÈRES, de Lyon :

Notre traite nº 129, au 15 février, sur Paris. . . . . . 4,000 »

Espèces . . . . 1,100 »

Escompte . . . . 900 »

      3º De JACQUES CADERON, de Lyon :

Notre traite nº 130, au 15 mars, sur Paris . . . . 4,000 »

    Id.   132, au 15 février, sur Paris . . . . . . 6,000 »

    Id.   135, au 15 février, sur Toulouse . . . . 1,500 »

Espèces . . . . 3,800 »

Escompte . . . . 2,700 »

———————————— 1850. Janvier. 15. ————

OBSERVATION. Nous encaissons aujourd'hui la traite nº 138 sur Lyon, de 622 f. 50 c.; mais cette opération ne donne lieu à aucune écriture.

COLONNE INTÉRIEURE.

———————————— 1850. Janvier. 16. ————

Payé aujourd'hui à BÉRARD, pour 15 jours d'ap-
pointement et gratification à cause de son

100 f. »   renvoi.

      OBSERVATION. Simple note ; point d'écriture.

———————————— 1850. Janvier. 17. ————

231. Expédié aujourd"hui à Mlle FABRIEN DE
L'ECLUSE, de Paris, suiv. dét. au journ. de
ventes, fol. 133 et 134, val. à 3 mois. . . 9,311 f. 05 c.

———————————— 1850. Janvier. 25. ————

232. Expédié aujourd'hui à PICARD ET DUVRET,
de Paris, suivant détail au j. de v., f. 135
et 136, val. à 3 mois, ... 10,101 f. 05 c.

————————

100 f. »   *à reporter.*

100 f.   »   *report.*

——————— 1850. Janvier. 25. ———————

233. Remis à N/ S/ Ricard (compte obligé),
les traites suivantes qu'il accepte au pair :

Nº 131, au 15 avril, s. Paris.   4,000 f.   » c.

Nº 136, au 25 avril, s. D^{lle} Fa-
BRIEN DE L'ECLUSE, de Paris.   9,311   05

Nº 137, au 25 avril, s. Picard
ET Duvret, de Paris. . . . 10,101   05   23,412 f. 10 c.

——————— 1850. Janvier. 31. ———————

Payé pour affiches annonçant
la liquidation . . . .   31 f.   » c.

Payé pour menus frais   199   05

Payé pour appointements de
DAMBULLIANT, 1 mois . . .   250   «

Payé pour appointements de
PÉLIOT, 1 mois   150   »

Payé pour appointements de
JEAN GARCET, 1 mois . . .   83   35

Pour gratification de renvoi,
830   »   au même   116   60

——————— 1850. Janvier. 31. ———————

234. Reçu pour ventes au comptant pendant
ce mois . . . . 92,500 f.   »

OBSERVATION. On reçoit de l'argent , on vend des marchandises. *Liquidation* est débitrice de ces deux anciens comptes. Donc , *liquidation à elle-même.* — On pourrait s'abstenir d'écriture, mais il est bon de la passer, afin de voir le mouvement de marchandises.

——————— 1850. Février. 1er. ———————

Payé à N/ S/ Ricard, pour intérêts de son compte obligé :

1º Sur 100,000 f., p. 25 jours.   277 f. 77 c.
331   15   2º Sur 78,587 f. 90 c., pour 6 j.   53   38

——————— 1850. Février. 1er. ———————

235. Payé à N/ S/ Ricard, en compte obligé :
Solde de son compte obligé . . . . 76,587 f. 90 c.

1,261 f. 15 c. *à reporter.*

1,261 f. 15 c. *report.*

——————— 1850. Février. 28. ———————

Payé pour menus frais . . . . . 91 f. 15 c.

A Péliot, 1 mois d'honoraires. 150 »

A Dambulliant, id. id. 250 »

591 15 P. gratificat. de sortie à Péliot. 100 »

——————— 1850. Février. 28. ———————

236. Reçu pour ventes au comptant de février. 89,100 f. »

——————— 1850. Février. 28. ———————

237. Par accord passé entre N/ S/ Ricard et
M. Joseph Réalne, fondé de pouvoir de N/S/
Subril, d'une part, et MM. Antoine Guérin
oncle et neveu, d'autre part, il a été convenu
que le compte courant chez ces derniers de
Ricard et Subril serait divisé en deux parties, dont l'une au crédit de N/ S/ Ricard,
valeur 31 décembre, de. . . . . 157,795 f. 88 c.

Et l'autre au crédit de N/ S/ Subril, valeur
même date, de. 78,897 94

——————— 1850. Mars. 31. ———————

238. Reçu de Picard et Duvret, les marchandises qu'ils avaient pour compte. . . . 500 f. »

——————— 1850. Avril. 15. ———————

239. Cédé, par accord de ce jour, à M. Garcin, la suite de notre commerce, meubles et
marchandises, pour. . . . . 21,000 f. »

qu'il nous règle ce jour en ses billets :

De 7,000 f., au 15 mai prochain;

De 7,000 f., au 15 juin prochain;

De 7,000 f., au 15 juillet prochain.

Nous cédons le premier et le troisième à N/ S/
Ricard et le deuxième à N/ S/ Subril.

——————— 1850. Avril. 15. ———————

Payé, suivant nos conventions avec M. Garcin :

1° Le loyer courant de 6 mois. 1,500 f. » c.

1,650 90 2° Frais de patente de 6 mois. 150 90

3,503 f. 20 c. *à reporter.*

3,503 f. 20 c. *report.*

———————————— 1850. Avril. 15. ————————————

Payé à M. Dambulliant, pour honoraires à lui dûs pour soins de la liquidation,

300 »   Pour menus frais jusqu'à ce jour,

96 80

———————————— 1850. Avril. 15. ————————————

240. Nous avions en marchandises et en meubles, lors de notre entrée en liquidation, pour

223,612 f. 10 c. — Nous en avons reçu de Picard et Duvret pour

      500 »

224,112 f. 10 c.

               Nous en avons vendu : 1° pour

               9,311 f. 05 c. à D^{lle} Fabrien de l'Écluse; 2° p^r

               10,101   05   à Picard et Duvret; 3° pour

               92,500   »   au c^t, en janvier ; 4° pour

               89,100   »   au c^t, en février ; 5° pour

222,012   10   21,000   »   à M. Garcin.

               Nous perdons sur nos marchandises :

2,100   »   2,100 f.

6,000 f.   »   Total, que nous portons au crédit du compte de liquidation.

———————————— 1850. Avril. 16. ————————————

241. Payé :

     1° A N/ S/ Ricard, compte de fonds . . . . 42,204 f. 12 c.

     2° A N/ S/ Subril, compte de fonds 21,102   06

———————————— 1850. Avril. 16. ————————————

242. Payé pour partage des bénéfices :

     1° A N/ S/ Ricard . . . . 35,263 f. 51 c.

     2° A N/ S/ Subril 35,263   51

FIN DU BROUILLARD DE LIQUIDATION ET CLÔTURE GÉNÉRALE DES COMPTES.

NOTE. Dans la présente liquidation, nous avons fait figurer des chiffres de frais et de bonis qui sont égaux entre eux, de sorte que la liquidation n'a rien gagné ni rien perdu. Si la liquidation eût offert une perte, le compte de *résultat* eût été infirmé, et les deux balances eussent été diminuées; s'il y avait eu bénéfice, le contraire aurait eu lieu, dans tous les cas, les deux balances auraient été parfaitement semblables.

PREMIER APPENDICE.

MÉTHODE POUR TROUVER UNE ÉCHÉANCE COMMUNE.

Les comptes courants sont ordinairement longs à dresser, surtout quand les capitaux qui y figurent proviennent de remises nombreuses à diverses échéances, qu'on est obligé d'inscrire en détail; pour simplifier le travail chaque fois qu'un négociant reçoit des valeurs, il porte en compte leurs montants en une seule somme et à une seule date, mais pour cela il faut qu'il cherche *une échéance commune.*

Le principe de cette opération est que la date cherchée doit donner pour la somme entière les *mêmes nombres* que donneraient les dates diverses pour les sommes partielles.

Voici comment on opère. On obtient des nombres pour chaque somme; on les additionne, puis on les divise par le total des capitaux. Le quotient donne les jours représentant l'échéance commune.

Ainsi, je suppose qu'un négociant reçoive trois valeurs, l'une de 600 fr., à 90 jours, l'autre de 1,200 f., à 180 jours, et la troisième de 600 fr., à 270 jours. Il est évident que, les première et troisième sommes réunies étant égales à la deuxième et les dates progressant de 90 jours, l'échéance moyenne sera de 180 jours pour 2,400 fr., et il n'y a pas besoin de poser des chiffres pour s'en convaincre. Mais cet exemple va nous montrer la justesse de notre méthode.

600 f. à 90 jours, donnent	54,000 nombres.
1,200 à 180 jours, donnent	216,000
600 à 270 jours, donnent	162,000
2,400 ensemble.	Ensemble. . . 432,000

Je divise 432,000 par 2,400.

$$\begin{array}{r|l} 432000 & 2400 \\ 19200 & \overline{180} \\ 0000 & \end{array}$$

Donc, 180 jours seront l'échéance moyenne de 2,400 f., puisque cette somme multipliée par 180 nous donnerait en bloc 432,000 nombres, comme nous les avions partiellement obtenus.

Appliquons cette méthode à un bordereau de valeurs, mais remarquons d'abord que dans le calcul des échéances le jour de la remise ne compte pas. Nous recevons le 1er mai :

500 f.	» c.	au 20 mai. . . .	19 jours. .		9,500	nombres.
265	50	au 10 mai. . . .	9	id.	2,389	id.
1,000	»	au 10 juin. . . .	40	id.	40,000	id.
300	»	au 15 juin. . . .	45	id.	13,500	id.
600	»	au 31 mai. . . .	30	id.	18,000	id.
833	25	au 5 juin. . . .	35	id.	29,163	id.
800	»	au 30 juin. . . .	60	id.	48,000	id.
400	»	au 25 juin. . . .	55	id.	22,000	id.
900	»	au 5 juin. . . .	35	id.	31,500	id.
1,000	»	au 25 mai	24	id.	24,000	id.

6,598 f. 75 c.   238,052

Voilà le résultat de nos opérations particulières, 238,052 nombres. Il s'agit de trouver les jours qui pour une somme de 6,598 f. 75 c. donneront ces mêmes nombres, à une fraction près. Divisons, en négligeant les centimes :

$$\begin{array}{r|l} 238,052 & 6,598 \\ 40,112 & \overline{36} \\ \overline{524} & \end{array}$$

Donc, 36 jours qui partent du 1er mai, établiront notre échéance commune au 6 juin.

La preuve que l'opération est juste, c'est que 6,598 fr. multipliés par 36 nous donnent 238,052 nombres, moins une fraction de 524 qui représente la partie inappréciable d'un jour.

Il ne nous reste qu'à créditer notre client en compte courant de 6,598 f. 75 c., valeur au 6 juin, pour son bordereau du 1er mai.

Mais il peut arriver qu'indépendamment de toute date de bordereau, on veuille calculer les échéances entre elles pour prendre le terme moyen; c'est même ce qu'on fait ordinairement, puisque la véritable date d'un article de compte courant est l'échéance de la valeur admise en compte. On a deux méthodes à son service pour calculer, la méthode ordinaire et la supputation rétrograde.

La méthode ordinaire consiste à prendre pour point de calcul la plus longue échéance, et à supputer les jours qui la séparent des autres échéances, afin de trouver des nombres, en négligeant toutefois le calcul des nombres sur la plus longue échéance. On fait alors la division des nombres par les capitaux, l'on soustrait le quotient de l'échéance réservée, et l'on a le terme moyen. Cette méthode est diffuse, inexacte et usuraire : diffuse, en ce qu'elle multiplie les opérations; inexacte, en ce qu'elle donne au dividende un reliquat de nombres trop fort; usuraire, en ce qu'elle fait tort d'un jour d'intérêt. C'est la méthode de la Banque; le Teneur de livres doit la redresser chaque fois que le cas se présente, et se l'interdire à lui-même. Je ne l'appliquerai ici que pour prouver ce que j'avance et mettre les Teneurs de livres en garde contre de semblables calculs. Je prends pour exemple le bordereau précédent.

500 f.	» c.	au 20 mai. . . .	41 jours. .	20,500	nombres.
265	50	au 10 mai . . .	51 id.	13,540	id.
1,000	»	au 10 juin. . . :	20 id.	20,000	id.
300	»	au 15 juin. . . .	15 id.	4,500	id.
600	»	au 31 mai	30 id.	18,000	id.
833	25	au 5 juin. . . .	25 id.	20,831	id.
800	»	au 30 juin. . . . *échéance réservée.*			
400	»	au 25 juin. . . .	5 jours . .	2,400	id.
900	»	au 5 juin. . . .	25 id.	22,500	id.
1,000	»	au 25 mai. . . .	36 id.	36,000	id.

6,598 f. 75 c., total des capitaux. Total des nᵒˢ. 157,871

Division.

$$
\begin{array}{r|l}
157,871 & 6598 \\
25,911 & \overline{23} \\
\hline
6,117 &
\end{array}
$$

Soustraction.

Echéance réservée. 30 juin.

Quotient des jours. 23

7 juin, échéance commune.

L'inexactitude est patente : car, 1° le jour qui sert de départ ne devant point se compter, on ne devrait soustraire que de 29, ou plutôt augmenter le quotient d'un chiffre. On aurait au moins pour résultat de la soustraction, le 6 juin qui est la véritable échéance moyenne de ce bordereau ; 2° on a au dividende une fraction de 6,117 nombres, presqu'un jour ! ! Calculer ainsi, c'est donc faire un tort réel au client ; car l'intérêt de 2 jours sur 6,598 f. 75 est de 2 f. 20 c. ; combien le tort serait plus grand, si la somme était plus importante !

La supputation rétrograde donne un tout autre résultat, comme nous allons le voir. Nous adoptons pour *époque* la première échéance du compte ; tous nos calculs remonteront à cette époque pour trouver nos jours et nos nombres. La division opérée, nous n'aurons qu'à ajouter les jours du quotient à notre *échéance-époque* et nous aurons notre résultat. Voici le même bordereau :

500 f. » c.	au 20 mai. . . .	10 jours. .	5,000 nombres.	
265 50	au 10 mai. . . .	*époque.*		
1,000 »	au 10 juin. . . .	31 jours. .	31,000	id.
300 »	au 15 juin. . . .	36 id.	10,800	id.
600 »	au 31 mai. . . .	21 id.	12,600	id.
833 25	au 5 juin. . . .	26 id.	21,664	id.
800 »	au 30 juin. . . .	51 id.	40,800	id.
400 »	au 25 juin. . . .	46 id.	18,400	id.
900 »	au 5 juin. . . .	26 id.	23,400	id.
1,000 »	au 25 mai. . . .	15 id.	15,000	id.

6,598 f. 75 c. capitaux.   Nombres. . . 178,664

Division.

$$\begin{array}{r|l} 178,664 & 6598 \\ 46,704 & \overline{27} \\ \hline 418 & \end{array}$$

27 jours ajoutés à l'*échéance-époque* du 10 mai amènent pour échéance commune le 6 juin.

Résumons. Il y a trois méthodes pour trouver l'échéance commune.

1° *La méthode à date fixe*, qui sur un bordereau de 6,598 f. 75 c., remis le 1er mai, nous a donné le 6 juin pour échéance moyenne et une fraction de 524 nombres;

2° *La méthode de Banque*, qui sur le même bordereau a donné le 7 juin et un reliquat de 6,117 nombres;

3° *La méthode à supputation rétrograde*, qui sur le même bordereau a amené le 6 juin et une fraction de nombres de 518 seulement.

Il n'y a donc que deux méthodes, à proprement parler, la première et la troisième. Je n'ai exposé la deuxième que pour la signaler à la critique du Teneur de livres.

DEUXIÈME APPENDICE.

DES MARQUES.

Cet appendice est étranger à la Tenue des livres, mais il aura son utilité pour les jeunes gens qui auront suivi mon cours avant de franchir le seuil d'une maison de commerce.

La *marque* est un assemblage de dix lettres ou signes quelconques, se rapportant aux dix chiffres de la numération. Comme elle est de convention et que chaque maison de commerce a la sienne, le public ne peut et ne doit pas comprendre la signification d'une marque.

La marque sert à indiquer à celui qui la connaît le prix coûtant des marchandises. Le prix de vente est ordinairement indiqué en chiffres connus. La différence de somme de ce chiffre connu au chiffre secret désigné par la marque, représente le bénéfice du commerçant et la limite assignée au rabais qu'il peut faire aux *marchandeurs*, c'est-à-dire à ceux qui débattent, en faisant leurs achats, le prix des marchandises.

Quelquefois la marque sert aussi à indiquer le prix de vente; le vendeur qui connaît les habitudes d'un acheteur, surfait le prix de la marchandise, pour faire arriver ce dernier, au moyen de concessions débattues, au prix fixé par la marque de vente. C'est là *la finesse* du métier. En ce cas, pour mieux embarrasser les acheteurs curieux, qui finiraient à la longue par deviner la marque, le commerçant en a deux, l'une est *la marque d'achat* et l'autre la *marque de vente*.

Pour composer une marque, il n'y a aucune difficulté ; c'est purement arbitraire. On doit faire toutefois attention à deux choses : 1° A ce qu'aucun des signes conventionnels ou des lettres ne soit répété ; 2° à ce que la marque présente un sens quelconque, de manière à n'exiger, pour être retenue, aucun effort de mémoire. Cette dernière précaution est prise surtout à cause des commis nouveaux, qui pourraient acquérir difficilement la connaissance d'une marque purement hiéroglyphique.

Voici comment on compose une marque. On pose d'abord les dix chiffres de la numération, puis on aligne sous chaque chiffre une lettre, qui, réunie aux autres, concourt à former un mot ou une petite phrase. Par exemple :

$$1 \quad 2 \quad 3 \quad 4 \quad 5 \quad 6 \quad 7 \quad 8 \quad 9 \quad 0$$
$$T \quad a \quad p \quad i \quad s \quad r \quad o \quad u \quad g \quad e$$

Ainsi : *a. rs* signifie 2 f. 65 c.

$$1 \quad 2 \quad 3 \quad 4 \quad 5 \quad 6 \quad 7 \quad 8 \quad 9 \quad 0$$
$$Q \quad u \quad i \quad m \quad o \quad n \quad t \quad e \quad l \quad à$$

Ainsi, i oà signifie 3 f. 50 c.

Voici une marque pour un commerçant grammairien :

$$1 \quad 2 \quad 3 \quad 4 \quad 5 \quad 6 \quad 7 \quad 8 \quad 9 \quad 0$$
$$. \quad , \quad ; \quad : \quad ? \quad ! \quad - \quad ' \quad \cdot \quad \wedge$$

Ainsi : ?ᴬ signifie 4 f. 50 c.

Ces marques, tirées des sciences, sont les plus difficiles à connaître, parce qu'une grande partie des acheteurs ignore la science qui a fourni les signes, et qu'il n'y a pas d'induction facile à tirer de ces mêmes signes, l'arrangement pouvant n'être pas classique.

Liste de quelques marques.

Dors Julien.
Bon cher ami.

Val fortuné.
Port du ciel.
Rose du parc.
Doux zéphir.

O argent pur.
Ma pluie d'or.
A mon crédit.

Tison chaud.
Paul est vif.

Comme on le voit, les marques se composent suivant les goûts, et rien n'est plus facile que d'en trouver d'heureuses. Je prie mes lecteurs de ne pas oublier les recommandations contenues dans les quatre marques suivantes :

```
1 2 3 4 5 6 7 8 9 0
C œu r s, a i m e z
l' o u v r a g e-c i
c ' e s t u n a m i
q u i v o y a g e .
```

FIN.

TABLE.

FIN DE LA TABLE.

La Croix-Rousse, Th. Lépagnez, impr., petite rue de Cuire, 2.

Du même Auteur :

COURS

DE STYLE ÉPISTOLAIRE

À l'usage des Demoiselles

ET DE TOUTES LES PERSONNES QUI VEULENT PERFECTIONNER
LEUR MANIÈRE D'ÉCRIRE LES LETTRES.

———

Chez les Éditeurs GIRARD ET JOSSERAND, place Bellecour, 21.

Croix-Rousse. Impr. de Th. Lépagnez.

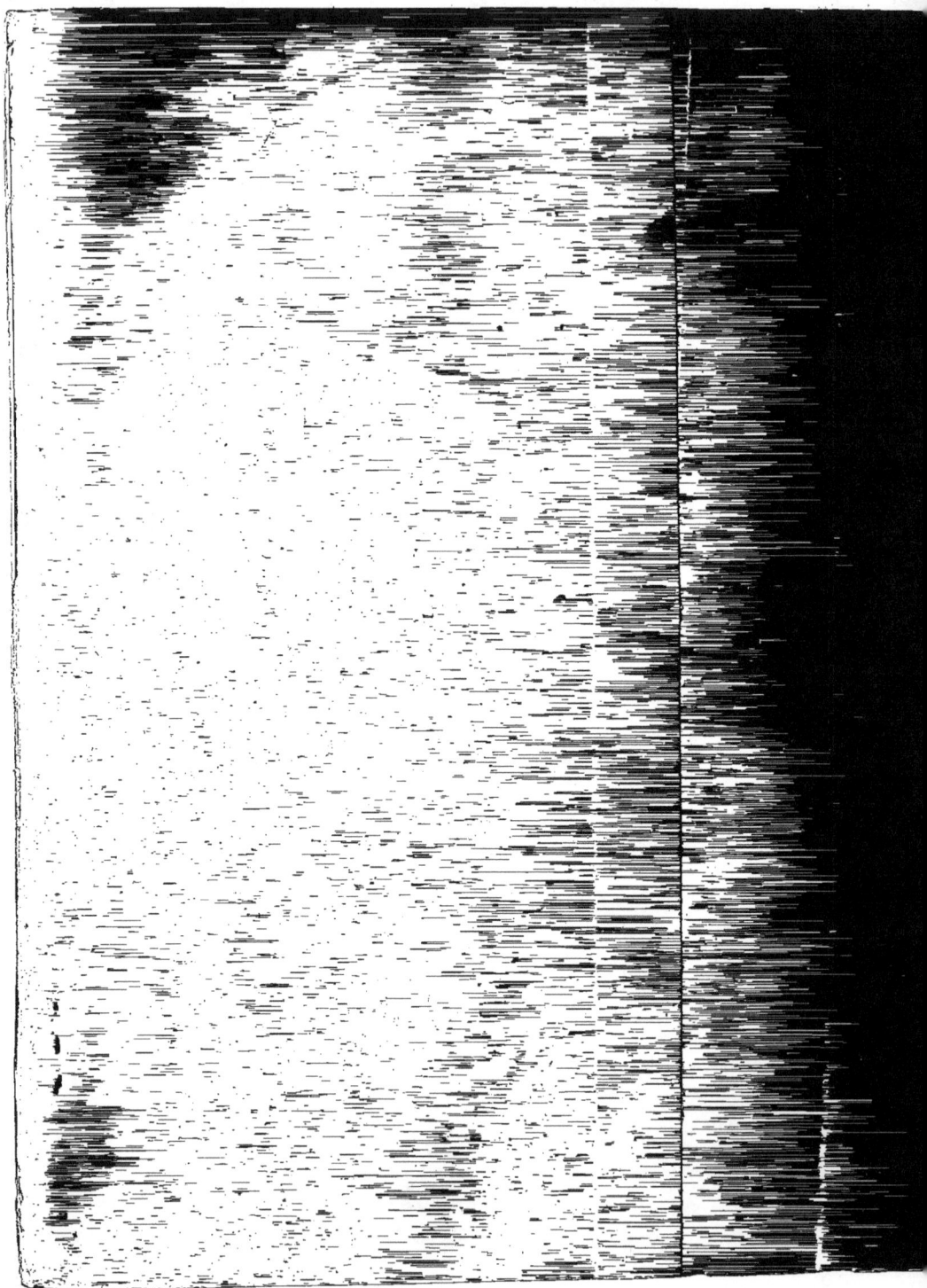